2021
黑龙江省社会科学学术著作出版资助项目

文化学视野下近代哈尔滨道外里院形态研究

周立军 韩 培 邹文平 ◎ 著

哈尔滨工程大学出版社
Harbin Engineering University Press

内 容 简 介

哈尔滨道外里院是中国近代"里"式住宅在东北地区的延伸，记录着20世纪初哈尔滨最普遍、最典型的居住形态。本书从形态学的视角阐述哈尔滨道外里院居住形态和逻辑，进而深层次探讨近代道外里院形成的内在逻辑演变关系，深入了解这类"里"式文化的组织规律，是哈尔滨里院民居系统性、综合性的研究成果。

本书对近代哈尔滨里院民居保护与活化利用具有理论和现实意义，对当今进行的道外里院改造设计实践具有一定的启发与指导作用。

本书可作为相关专业研究和设计人员在历史建筑保护更新研究方面的参考资料，也可供里院民居建筑爱好者和建筑行业从业者阅读。

图书在版编目(CIP)数据

文化学视野下近代哈尔滨道外里院形态研究/周立军，韩培，邹文平著.—哈尔滨：哈尔滨工程大学出版社，2021.12
 ISBN 978-7-5661-3325-0

Ⅰ.①文⋯ Ⅱ.①周⋯ ②韩⋯ ③邹⋯ Ⅲ.①民居-建筑艺术-研究-哈尔滨-近代 Ⅳ.①TU241.5

中国版本图书馆 CIP 数据核字(2021)第 237071 号

文化学视野下近代哈尔滨道外里院形态研究
WENHUAXUE SHIYE XIA JINDAI HA'ERBIN DAOWAI LIYUAN XINGTAI YANJIU

选题策划 邹德萍
责任编辑 王丽华
封面设计 佟　玉

出版发行	哈尔滨工程大学出版社
社　　址	哈尔滨市南岗区南通大街 145 号
邮政编码	150001
发行电话	0451-82519328
传　　真	0451-82519699
经　　销	新华书店
印　　刷	北京中石油彩色印刷有限责任公司
开　　本	787 mm×960 mm　1/16
印　　张	11.25
字　　数	232 千字
版　　次	2021 年 12 月第 1 版
印　　次	2021 年 12 月第 1 次印刷
定　　价	49.80 元

http://www.hrbeupress.com
E-mail:heupress@hrbeu.edu.cn

前　言

19世纪中叶至20世纪初的近代中国，以开埠为起点，主动或被动地开始了社会转型。在这一进程中，中国传统居住形态在西方文化的强势侵袭下，衍生出了适应性的近代"里"式居住形态。哈尔滨道外里院的居住形态就是在此宏观背景和社会结构的基础上演变而来的。这种特定背景下的居住形态既能适应当地的自然条件，又能反映当时的文化态势，是西方文化植入中国传统居住形态中价值性和实用性的体现。

本书从形态学的视角阐述哈尔滨道外里院的居住形态，主要有两个层面：一是具体层面上的外在表征，二是抽象层面上的内在演变逻辑。其中第一层面主要从居住形态的概念出发，结合实际调研，从居住形态的实体呈现和非实体呈现两个方面，阐述了近代道外里院从具体到抽象的相关结构要素，并归纳总结出里院居住形态的基本特征。第二层面深层次探讨近代道外里院形成的内在演变逻辑关系，主要涉及自然和文化两个方面。里院居住形态对自然的适应性主要体现为宏观的群落布局组织、中观的微气候空间营造及微观的细部构造节点处理，而文化的渗透影响主要体现在经济形式改变、社会结构转变及风俗观念影响等方面。

哈尔滨道外里院是中国近代"里"式住宅在东北地区的延伸，是哈尔滨道外居民普遍的居住形式，记录着20世纪初道外最普遍、最真实的居住形态。本书通过对近代道外里院居住形态的形式和逻辑的梳理，试图找出其演变发展的内在序列关系，以便读者深入了解这类"里"式文化深层次的组织规律。

自20世纪80年代初，本人就对哈尔滨道外地区的建筑进行实地调查，开始了对哈尔滨道外里院民居的研究工作；在国内外期刊发表《近代哈尔滨的民俗建筑》《道外近代建筑形态的民俗性探讨》《近代哈尔滨道外里院居住形态浅析》《黑龙江省传统民居初探》等论文，其中1988年在《华中建筑》期刊发表的论文《近代哈尔滨的民俗建筑》是我国较早对近代哈尔滨道外历史建筑进行系统研究的学术论文之一。与哈尔滨电视台合作完成纪录片《近代哈尔滨的民俗建筑》，并将部分调研成果编入由侯幼彬先生等主编的《中国近代建筑总览·哈尔滨篇》一书，这些工作对扩大近代哈尔滨道外历史建筑的影响力起到了一定作用。1992年，日本学者西泽泰彦将哈尔滨道外建筑的这种风格赋予了"中华巴洛克"的名字，而本人之前对哈尔滨道外建筑的命名——"民俗建筑""里院民居",则更偏重其内在文化性。

自 2000 年以来,本人在开设的"中国传统民居形态概论"等研究生课程和指导的研究生学位论文中,也涉及哈尔滨道外里院民居形态的研究,如《哈尔滨道外近代建筑形态的民俗性研究》《近代哈尔滨道外里院居住形态研究》《哈尔滨道外历史商业街区的活态保护设计策略研究》等。这些论文是在对哈尔滨道外里院民居进行大量实态调研的基础上,采用定性或定量的科学方法对其进行理论研究的学术积累,并努力尝试运用文化学、民俗学、文化生态学等研究方法,把以往哈尔滨道外建筑的碎片化研究进行有机整合。本人在哈尔滨道外里院民居研究领域三十多年的积淀,为本书的研究提供了丰富的实践经验和扎实的理论知识,也为本书的研究能够顺利开展奠定了基础。

本书的出版要感谢黑龙江省社会科学学术著作出版资助项目和哈尔滨工业大学人文社科研究著作出版资助项目的支持。我们在调研和编写过程中还得到了中央高校基本科研专项(HIT.HSS201919)、"黑龙江流域满族传统聚落形态研究"项目和国家自然科学基金课题(51878203)的支持,在此一并感谢。希望本书关于近代哈尔滨道外里院民居系统性、综合性的研究拓展,能为这些失去的或即将失去的历史建筑留下宝贵的文字和图样记载;对重拾近代哈尔滨道外里院民居的文化特征与风貌,以及对当前进行的近代道外里院保护与活化利用设计实践,提供必要的传统形态依据和技术借鉴。

周立军

2021 年 9 月

目　　录

第一章　绪论 …………………………………………………………… 1
第一节　研究背景、目的及意义 ……………………………………… 1
第二节　国内外相关研究综述 ………………………………………… 5
第三节　相关概念界定 ………………………………………………… 10
第四节　研究对象、范围及研究方法 ………………………………… 14

第二章　哈尔滨道外里院的外在形态 …………………………………… 17
第一节　道外街巷的空间形态特征 …………………………………… 18
第二节　道外院落的空间形态特征 …………………………………… 31
第三节　道外近代建筑的外观特征 …………………………………… 35

第三章　哈尔滨道外里院形态的文化影响 ……………………………… 49
第一节　道外的民俗文化 ……………………………………………… 49
第二节　民俗文化与道外近代建筑的形成 …………………………… 53
第三节　民俗文化与道外近代建筑的空间 …………………………… 59
第四节　民俗文化与道外近代建筑的装饰 …………………………… 63

第四章　哈尔滨道外里院形态的文化特征 ……………………………… 68
第一节　道外近代建筑的集体性 ……………………………………… 69
第二节　道外近代建筑的类型性 ……………………………………… 73
第三节　道外近代建筑的传播性 ……………………………………… 75
第四节　道外近代建筑的变异性 ……………………………………… 80
第五节　道外近代建筑的生活性 ……………………………………… 86

第五章　近代道外里院的居住形态特征解析 …………………………… 92
第一节　居住形态的实体呈现 ………………………………………… 92
第二节　居住形态的非实体呈现 ……………………………………… 116

第六章　近代道外里院居住形态的自然适应性 …… 126
第一节　宏观群落布局组织 …… 128
第二节　中观微气候空间营造 …… 135
第三节　微观细部构造节点处理 …… 144

第七章　近代道外里院居住形态的文化演变 …… 150
第一节　经济形式改变 …… 153
第二节　社会结构转变 …… 158
第三节　风俗观念影响 …… 161

参考文献 …… 172

第一章 绪 论

第一节 研究背景、目的及意义

中国的近代建筑与世界建筑史中近代建筑的定义相同,是指中国在近代这一历史阶段内建造的建筑物、构筑物以及相关的建筑活动。中国近代的时间范围是从 1840 年鸦片战争开始到 1949 年中华人民共和国成立为止。这段时间与华夏悠悠五千年文明史相比,只不过是沧海一粟,却是中国由封建社会向社会主义社会,由传统文明向现代文明过渡的重要历史阶段,深刻影响了中国现代社会的发展。近代时期中国社会变革反映在建筑领域,表现为持续了几千年的以传统木结构建筑为绝对主流的局面被打破,由西方殖民入侵而输入,不同于传统中国建筑式样的殖民式及其他形式的西方建筑,进而产生了"畸形"发展的早期近代建筑。

哈尔滨的近代史始于 1898 年中东铁路开始修筑。哈尔滨的近代建筑大体可以分为两种,一种是由建筑师设计并由技术人员施工建造的建筑,它们多分布于道里、南岗两区;另一种是由广大匠师通过模仿自主建造的建筑,这部分建筑主要分布于道外。第二种建筑形式是本书研究的内容。目前,随着哈尔滨市的大规模开发建设,道外这些老的建筑正面临着被拆毁的命运,一些优秀的近代建筑正在消失或已经消失。为了避免今后只能通过"标本"或照片来研究道外近代建筑的尴尬,为了能更多地获取道外原汁原味的建筑形态和生活方式,对道外近代建筑的研究时不我待。

一、研究背景

道外是哈尔滨市形成、发展较早的老城区。据史料记载,早在哈尔滨市形成以前,就有人类在此地繁衍生息和开发建设。在商、周和先秦时期,这里是肃慎族的居住地区。两汉、三国和两晋时,这里属扶余国。南北朝时,勿吉族兴起,灭掉扶余,这里成为勿吉族的辖地。到了唐代,这里正式纳入疆域版图。五代时,女真族迅速兴起,这里成为女真族的领地。后经历了辽、金,这里逐渐成了清朝的领地。

清光绪三十三年(1907),清政府准予设立"滨江厅江防同知",厅署设于现道外南十一道街,负责治理傅家店、岗家店、四家子等村。次年,滨江厅江防同知何厚琦,认为傅家店的"店"字意义狭窄,将"店"改为"甸"。从此,傅家甸便成为道外城区最早的区划名称。清宣统元年(1909)四月,为加强治理,将滨江厅江防同知改称双城府滨江厅分防同知。1913年,双城府滨江厅分防同知被撤销,改设滨江县。滨江县仍管原有辖区,实施行政司法合一的体制。1929年2月,按当时设治局的新制规定,滨江县公署改为滨江县政府,县知事改为县长。1933年,日本侵略者为加强其殖民统治,实行所谓"大哈尔滨计划"。1933年7月1日,撤销了滨江市政筹备处,同时将哈尔滨特别市、哈尔滨市(东省特别区市政管理局)及松浦市政处撤销,四市合一,划由新设立的哈尔滨特别市管辖。1937年七七事变后,东、西傅家区和全市其他各区一样,实行了"邻保公约"和"连坐法",东、西傅家区的区划,一直延续到1945年"八一五"伪满政权解体。近代哈尔滨行政分区位置示意图如图1-1所示。

图1-1 近代哈尔滨行政分区位置示意图①

纵观道外的历史,虽然道外早已有建设活动,但直到近代,道外的人口才急剧

---

①董鉴泓. 中国城市建设史[M]. 北京:中国建筑工业出版社,2004:149.

增长,成为道外今后发展的保障。清乾隆十一年(1746)以后,道外已形成傅家店(1908年改称傅家甸)、岗家店、四家子等村落雏形,人口达2 000余人。1903年,沙俄强占哈埠修筑的中东铁路开始通车,清政府的封禁政策已开放,大批关内人口流入境内开垦和经商。1907年,清政府核准道外建立滨江厅,辖区人口骤增至25 000余人。1922年,仅傅家甸常住人口就增至105 562人,1932年,道外人口增至191 552人,1940年增至245 600人,从1946年哈尔滨解放到新中国成立初期,道外人口达247 171人。

近十年来,在国家政策的鼓励下,道外个体经济较发达,并趋向体系化,多数商品按类分布,形成以批发、零售为一体的专业市场,如新风街、纯化街为鞋料专卖街,南勋街、五道街为装饰材料与五金建材销售市场等。虽然目前这些商住建筑多已破旧不堪、年久失修,但随着哈尔滨市改造道外传统商务风貌街区、突出民族商业、再现传统文化和风貌这一发展思路的提出,道外也开始对一部分近代建筑进行了修缮。

19世纪中叶至20世纪初是中国历史上重要的转折阶段,该阶段以开埠为起点,主动或被动地接受西方文化的影响,是中国社会在政治、经济、思想、文化、生活等各领域开始逐渐接触外来文化的进程。在这一进程中,中国传统居住形态在西方文化的强势侵袭下,衍生出了适应性的近代"里"式居住形态。这种特定背景下形成的地方性居住形态既能适应地域性条件,又能反映当时的文化态势,是西方文化植入中国传统居住形态中价值性和实用性的体现。

在此宏观背景下,近代哈尔滨以1898年中东铁路修建为契机,开始了近代社会的转型过程,哈尔滨由一个名不见经传的小渔村,逐渐发展成为近代东北地区主要的商埠都市。哈尔滨的近代规划主要是在外来殖民势力和中国政府的相互作用下制定的。自1896年签订《中俄密约》后,沙俄相继在哈尔滨划出铁路用地和铁路附属地。铁路附属地的规划建设均由中东铁路局统一管理规划,并由外来建筑师与技术人员施工建造,属于外来殖民文化,多分布于南岗、道里两区;而道外则不在铁路附属地范围内,由中国政府管辖,其城市规划多出于民间工匠之手,但也在一定程度上模仿南岗、道里两区。这两种异质的布局模式构成了近代哈尔滨的城市形态。

对于哈尔滨道外来说,在最初阶段,传统本土文化的传承演进主导着城市基本形态。随着中东铁路的修筑和西方文化技术的渗透,本土文化中逐渐融入部分西方文化,衍生出近代道外独特的建筑形态。这个阶段道外的城市形态显著的特点主要有整齐的街巷布局、通用的里院形态,以及中西交融的"中华巴洛克"风情。

近年来,随着人们对历史街区保护更新意识的提高,道外的城市风貌也逐渐受到学者、专家等的重视。然而,人们对道外的建筑风貌印象无不与其外在形态"中华巴洛克"联系起来,"中华巴洛克"俨然成为道外的标志了。同时,历史街区保护更新也注重对"中华巴洛克"风貌的修复,而"中华巴洛克"形式下的里院形态却很少受到人们的关注。现如今,这些居住里院早已破败不堪,随意被改动的现象十分严重,院落中堆满各种杂物、垃圾,再加上居住人口的过度老龄化,导致房间大量空置,使得里院处于一种被遗弃的状态。随着时代的发展,这些百年前的居住里院也许会慢慢淡出人们的视线。本书研究的对象正是这些濒临废弃的百年里院。通过对人们的居住空间、居住方式、生活方式的整理研究,探讨近代哈尔滨道外里院的形成方式和演变逻辑等,深层次地探讨"中华巴洛克"形式下居住形态的内在因素。

在建筑史学界,对于近代"里"式住宅的研究深受各界学者、专家的重视,如对上海里弄、天津里巷、武汉里分以及青岛里院的研究,而对东北里院的涉猎则少之又少。对东北民居的研究主要侧重于对东北汉族、满族大院式住宅的研究,而对这种集合式大院住宅的研究则甚微。本书针对东北"里"式居住形态研究的空白,从哈尔滨道外里院住宅入手,逐渐探索出东北"里"式居住形态的相关内涵与意义,这既具有一定的现实意义,又有深远的历史意义。

二、研究目的与意义

里院是哈尔滨道外历史风貌的重要组成部分,体现着近代哈尔滨的地域特色、文化内涵、生活方式及居住价值观。特殊的社会背景造就了这种中西交融的居住类型,在气候适应、文化转型、生活方式转变等方面都有研究价值与意义。

从形态学的视角出发,综合考虑建筑学、历史学、文化学、规划学等多学科视角,对近代道外里院居住形态进行深层次剖析。在这种背景下,研究的主要目的和意义在于:

第一,探讨"中华巴洛克"外在形式下居住形态的空间秩序与内在特质。针对国内研究对"中华巴洛克"过度关注而对其内部居住形态忽略的现状,研究里院居住形态的构成形式与逻辑。本书对于今后道外历史街区更新利用模式有一定的借鉴意义,同时也对城市历史文脉的传承和发展有一定的参考价值。

第二,弥补东北地区"里"式居住形态研究的不足。目前,国内外对"里"式居住形态的研究自20世纪60年代起就一直未曾停止,从早期对形态布局的研究到后期对社会文化内涵的相关研究,研究范围与内容在不断扩大和深入。学术界对于东北地区里院居住形态的研究则相对较少,且并未将一些符合里院特征的大院式建筑纳入"里"式住宅的系统中。本书的研究对于弥补东北地区"里"式居住形态研究的不足有着积极的现实意义,同时对整个近代"里"式居住形态的研究有着第三,深化城市形态学的研究层次。居住活动一直贯穿于人类生存与发展的整个历程,而这种人类最基本的生活慢慢发展形成了社会的居住形态。作为城市形态的基本组成,居住形态承载着城市一定时期的历史信息和文脉。本书对道外里院居住形态的研究,在一定程度上也是针对当时城市形态学的研究,丰富了城市形态学的研究内涵与层次;对里院形态的充分认识,为以后的城市更新规划提供了一定的借鉴。

第二节 国内外相关研究综述

一、国外相关研究综述

(一)形态学国外研究综述

在国外,形态学早期源自生物学,而后被用于其他领域。较早将形态学运用于城市学的是德国地理学家科尔(J. G. Kohl)。1841年,科尔在其著作《人类交通居住地与地形的关系》一书中,通过研究地形、环境和交通的关系来分析各个聚落形态。19世纪末,在科尔的研究基础上,德国地理学家徐特律(O. Schluter)在《城镇平面布局》一书中提出了人文地理学的概念,之后,他又相继提出"文化景观形态学"和"地表痕迹"两个相关理论。在20世纪20年代,美国文化地理学家索尔(C. O. Sauer)出版了《景观形态学》,其中指出"形态学方法是一个包括描述、分析和归纳等不同层次元素的研究过程"。之后,美国人文地理学家雷利(J. Lerghly)首次提出了"城市形态"的概念。

在20世纪后期,意大利Muratori - Caniggia学派在其著作《阅读佛罗伦萨》中提出城镇形成的历史模型,强化了形态学研究的时间维度;与此同时,法国Versailles学派则提出了"形态共生理论",形成了崭新的研究方法与视野;在后现代主义运动中,著名的西班牙建筑大师里卡多·波菲尔(Ricardo Boffill)认为,建筑学应该与形态学结合,建筑形态的目标则是使"生活形式直观化"。

(二)居住形态国外研究综述

工业革命以来,"居住"的问题引起众多研究领域的重视。19世纪,西方学者试图通过对物质空间的整治和技术手段解决居住与交通、环境之间的矛盾。如法国的傅里叶(C. Fourier)提出的理想居住形态——"法郎基",以社会生活来代替小家庭生活;英国的欧文(R. Owen)提出"新协和村",强调公共交往与生活对个体的意义。而19世纪末英国学者霍华德(E. Howard)的"田园城市"的设想,是关于城市理想居住形态的重要探索之一。

在20世纪初现代主义盛起时,法国建筑师柯布西耶(L. Corbusier)在其著作《明日的城市》中首先表达了300万人的理想城市规划。之后,他又提出了"光明城市"等一系列理想城市形态的模型,提倡城市空间形态的功能分区。同时期的美国建筑师赖特(F. L. Wright)提出了"广亩城市"的设想,在这里,住居被分散在规则地块中,以高速公路相连。1917年,芬兰规划师沙里宁(E. Saarinen)提出了有机城市理论,在《城市:它的发展、衰变与未来》一书中指出,有机疏散的城市发展模式能够使人居住在兼具城乡优势的环境中,既符合人类聚居的天性,又利于社会交往,还能与自然紧密联系。

在20世纪50年代,希腊建筑师萨蒂亚斯(C. A. Doxiadis)提出了"人类聚居学"理论,强调人与自然之间的聚居形态。在1954年,TEAM10就居住形态提出"人际结合"的观点,指出应该按人类的特性去研究居住问题。之后,文丘里(R. Venturi)、林奇(K. Lynch)、雅各布(J. Jacobs)进一步揭示了居住的文化、心理和行为与居住形态之间的关系。

随着社区理论的不断介入,西方社会在理论上慢慢接受了"社区规划"居住模式的演变。早在1887年,德国学者滕尼斯(F. Tonnies)在其发表的《社区与社会》一书中就提及了"社区理论"。之后,在20世纪90年代的"新城市主义"运动的推动下,众多学者逐渐接受社区理论,提出塑造紧凑、有生活氛围的社区,以取代郊区曼延的居住模式。在这期间的主要著作有盖兹(P. Katz)的《新都市主义——社区建筑》、卡尔索普(P. Calthorpe)的《下一代的美国都市:生态·社区·美国梦》等。

二、国内相关研究综述

(一)形态学国内研究综述

在我国,最早介入城市形态学研究的是东南大学的齐康教授,其著作《城市环境规划设计与方法》对城市形态的特征和演化进行了分析归纳,并提出"城市形态的变化是城市这个有机体内外矛盾的结果"。20世纪20年代之后,一些学者将城市学和形态学相结合,发表了相应的著作。如武进的《中国城市形态:结构、特征及其演变》一书主要研究城市外部形态特征;张京祥的《城镇群体空间组合》着重研究城镇群体空间演化关系等。

(二)居住形态国内研究综述

中国对居住形态的研究起步较晚。1933年,芝加哥大学教授罗伯特·帕克

(R. Parker)来燕京大学讲学,提出"社会"与"社区"的差异,后来,燕京大学的一些老师和学生将"Community"译为"社区",由此,社区理论才逐步成为社会学研究的专门概念。20世纪后半叶之后,对中国近代城市与建筑的有关研究都将居住建筑作为一个重要的部分。王绍周主编的《中国近代建筑图录》、杨秉德主编的《中国近代城市与建筑》两本著作,都将近代居住建筑作为一种重要的建筑类型。

在居住形态研究方面的主要著作有:天津大学聂兰生、邹颖和舒平编著的《21世纪中国大城市居住形态解析》一书,主要论述快速城市化进程中的各大城市居住形态的演变逻辑;同济大学戴颂华主编的《中西居住形态比较——源流·交融·演进》一书,通过中西居住形态的对比,从文化的角度解析了居住形态流变的历史;东南大学于一凡主编的《城市居住形态学》一书,较为系统地阐述了城市居住形态学的相关理论等。而相关论文主要有:哈尔滨工业大学周成斌的博士论文《居住形态创新研究》、天津大学李斌的硕士论文《天津城市居住形态发展研究》、西安建筑科技大学沈莹的硕士论文《"城中村"居住形态的现状及演变》等。

(三)近代"里"式住宅研究综述

早在20世纪60年代初期,我国老一辈建筑家梁思成、汪季琦两位先生,就曾指导其学生王绍周、殷传福、曲士蕴等人对"里"式住宅进行相关研究。从1961年开始,他们就对上海和天津的里弄住宅开展测绘、调研工作,并发表了一批有价值的文献资料,如《上海里弄住宅研究报告》《上海里弄住宅的空间处理和利用》《天津里弄调查研究》。

之后,在旧城改造和城市更新中,如何定义旧有住宅价值成为建筑历史研究者、建筑师和城市规划者普遍关注的问题。出于客观需要,相关学者又进一步对"里"式住宅进行补充性研究。这期间的著作有杨秉德主编的《里弄住宅初探》,王绍周主编的《天津里弄住宅规划设计中的若干处理手法》《天津里弄住宅》《上海近代里弄住宅建筑的产生和发展》,沈华主编的《上海里弄民居》,以及罗小未主编的《上海弄堂》等书。

1990年之后,随着历史街区保护更新工作的展开,国内外学者对"里"式住宅的研究领域已经扩展到文化学、历史学、心理学、地域学等多学科。在研究范围上,除了上海的里弄住宅、天津的里巷住宅之外,还涉及武汉和青岛的里分住宅、青岛的里院住宅及广州等地的"筒子屋"等。这一时期的著作比较多,关于上海里弄的研究主要有上海市房产管理局编著的《上海里弄民居》,娄成浩和薛顺生主编的《老上海石库门》等;有关武汉里分的研究,自1995年开始,武汉理工大学的李百浩教授就组织学生对汉口的多处里弄进行测绘,并整理出了《武汉近代里分住宅调查实测报告》。同时,李百浩组织硕士研究生对武汉里分进行研究,主要论文有《武汉近代里分住宅研究》《武汉近代建筑研究(1861—1949)》《武汉近代历史的地段保护与更新研究》《武汉近代里分住宅保护与更新的研究》《中国近代里式住宅比较研究——以上海、天津、汉口为中心》等。关于青岛里院的研究始于宋连威老师对青岛近代建筑的调研,他出版了《青岛城市的形成》一书。青岛理工大学的徐飞鹏教授等主编的《中国近代建筑总览·青岛篇》,对青岛近代建筑进行了初步概括。之后,不少论文对里院形态进行了相关整理、归纳和总结,如青岛理工大学硕士研究生杨式琳的论文《青岛近代城市居住建筑研究》、王勇强的论文《青岛合院式住宅·里院》、张慧华的论文《青岛里院建筑的保护与更新初探》,以及西南交通大学硕士研究生兰芳的《青岛里院的场所精神研究》等。

(四)哈尔滨道外近代建筑研究综述

对于近代哈尔滨建筑的研究,相关学者已经进行了一定的综合性讨论。这些研究方向涉及史料综述、案例研究、建筑风格研究及历史修撰等。中国近代建筑史研讨会主编的系列丛书《中国近代建筑总览》中,提供了国内大多数城市的近代建筑概况,其中侯幼彬、张复合、村松伸、西泽泰彦主编的《中国近代建筑总览·哈尔滨篇》是早期研究哈尔滨近代建筑的图书之一。刘松茯教授于1993年在《哈尔滨建筑工程学院学报》上发表的《哈尔滨近代建筑的发展历程》中,系统地梳理了哈尔滨近代城市与建筑的基本特征,而其博士论文《哈尔滨城市建筑的现代转型与模式探析》,则从城市形态的角度入手,对哈尔滨近代城市的现代转型和转型模式进行了探析。曲晓范教授所著的《近代东北城市的历史变迁》一书,是国内早期关于东北城市史的专著,该书阐述了东北近代城市的空间模式、城市化阶段及演进规律等;在其论文《清末民初东北城市近代化运动与区域城市变迁》中,阐述了东北近代城市的历史变迁因素。之后,关于哈尔滨近代建筑的研究深入文化、社会等领域。在文化研究领域,侯幼彬教授在1988年发表的论文《文化碰撞与"中西建筑交融"》中,探讨中西文化碰撞的问题;周立军教授发表的《近代哈尔滨的民俗建筑》一文,从民俗学角度探讨近代建筑;刘松茯教授的《近代哈尔滨城市建筑的文化结构与内涵》一文,也是从文化结构和内涵层面探讨哈尔滨近代建筑的总体特征。在社会研究领域,东北师范大学刘玉芬的硕士论文《近代哈尔滨社会变迁对城市空间结构演变的影响》,探讨社会变迁对城市空间结构的影响;山东大学李德志的硕士论文《文明转型对哈尔滨现代化的影响(1898—1931)》,探讨中西文化的交融对哈尔滨近代建筑转型的影响。

有关近代哈尔滨道外建筑的相关研究成果有很多，其研究方向遍及史料的记录、个案的研究、区域性或地方性的建筑风格以及编年史的修撰。至于研究的内容，有的研究实例比较、有的研究其自然适应性和传统技术特征、有的研究营造法等，还有部分研究建筑与文化的关系，探讨"空间观念"与实质环境间的关联性，使得精神层次的意图与实质层次的构造物得以联系。

经过对相关文献的搜集和整理，作者梳理了一些国内外关于道外近代建筑的研究成果。这些研究成果包括：本书作者之一的周立军老师于1988年在《华中建筑》上发表的《近代哈尔滨的民俗建筑》，引起了学术界对道外近代建筑的关注；哈尔滨工业大学邹广天老师指导的刘东璞的硕士论文《哈尔滨胡家大院的实态与再利用研究》，对道外近代建筑——胡家大院进行了深入细致的分析研究；黑龙江省建筑设计研究院的赵兴斌在《室内设计与装修》上发表的《城市历史的驿站——哈尔滨道外早期商住建筑群的外墙装饰》；此外，还有中日学者合作完成的《哈尔滨近代建筑形态母体及美学意匠》等。

切入视角为"中华巴洛克"艺术风格的主要研究有：朱永春在《建筑学报》发表的《巴洛克风格对中国近代建筑的影响》、梁玮男在《哈尔滨建筑大学学报》上发表的《哈尔滨近代建筑的奇葩——"中华巴洛克"建筑》、王胜斌和焦胜在《山西建筑》上发表的《巴洛克风格在现代城市设计中的运用研究》、邵卓峰的硕士论文《本土文化对哈尔滨道外中华巴洛克建筑的影响研究》等。对近代"中华巴洛克"保护更新的研究有：万婷、阮丽芬、谭伟在《华中建筑》上发表的《基于"中华巴洛克"保护的哈尔滨道外传统商市城市设计》、朱莹和张向宁在《城市建筑》上发表的《怀旧的现代性——哈尔滨道外中华巴洛克历史街区更新思考》等。同时也存在对这种文化的质疑，如王岩的《哈尔滨"中华巴洛克"建筑质疑》等。另外，从其他视角切入也有一部分论文，在文化转型方面，如王岩的《哈尔滨近代建筑中的"道外现象"解析》，简要分析了哈尔滨道外传统建筑的现代转型过程、模式及形态表征等。

第三节 相关概念界定

一、民俗

在国外,作为学术术语的"民俗"是在英国首先出现的,由英国民俗学会的创始人之一、考古学家汤姆斯(W. J. Thomas)于1846年创用的。"民俗"指民间风俗现象,又指研究这门现象的学问。在亚洲,日本学者较早地使用了"民俗"这一学术术语。明治维新时期,以坪井正五郎为核心的东京人类学会成立,开展了以"土俗研究"为主要宗旨的学术活动,后来坪井正五郎在《伦敦通信》中指出,土俗学就是民俗学。

"民俗"一词被作为我国学术界的概念则相对较晚。据考证,1918年北京大学征集近世歌谣,1922年创办《歌谣》周刊,在《发刊词》中第一次使用了"民俗"这个学科性专用名词。"民俗"一词尽管在我国古代已被使用,并非一个生造词,但作为学术术语还是经历了一个过程。在学术界,"民俗"一词的含义存在广义与狭义之分。广义的民俗概念认为,民俗学是一门综合性学科,是以城乡民间生活为研究对象;就民族而言,即研究民族的民间生活。狭义的民俗概念认为,民俗学对"民俗"概念的理解主要有四种:一是认为民俗为文化遗留物,是已经发展到较高文化阶段的民族中所残存的原始观念与习俗的遗留物;二是认为民俗是精神文化;三是认为民俗为民间文学;四是认为民俗为传统文化。至今,"民俗"一词的概念仍众说纷纭,没有统一的定义。1998年,联合国教科文组织于第155届执行局会议上对非物质文化遗产做出了定义:非物质文化遗产是指来自某一文化社区的全部创作,这些创作以传统为依据,由某一群体或一些个体所表达并被认为是符合社区期望的,作为其文化和社会认同感的表达形式,其准则和价值通过模仿或其他方式口头相传。非物质文化遗产的形式包括语言、文学、音乐、舞蹈、游戏、神话、礼仪、习惯、手工艺、建筑艺术及其他艺术,除此之外,还包括传统形式的联络和信息。但是非物质文化遗产包罗万象,民俗也只是其中的一部分,它涵盖的内容远远大于民俗的范围。

在分析、比较了许多国内外专家对民俗的定义后,作者认为我国的民俗学专家钟敬文先生对民俗的定义较为准确合理,同时也十分符合我国的情况。他指出,民俗即民间风俗,是一个国家或民族中广大民众所创造、享用和传承的生活文化,起源于人类社会群体生活的需要,在特定的民族、时代和地域中不断形成、扩散和演变,为民众的日常生活服务。民俗一旦形成,就成为规范人们的行为、语言和心理的一种基本力量,同时也是民众习得、传承和积累文化创造成果的一种重要方式。

二、民俗学

民俗学和文化人类学、民族学、社会学等学科向来有着很密切的关系,但是它又是一门独立的学科。因为民俗学作为一门社会学科,它有自己的研究对象和基础,即大量的民俗事象。通过对民俗学的研究,我们发现民俗的产生和发展有它自己独特的规律。这些规律体现出民俗"首先是集体的、社会的,它不是个人有意无意的创作,即便有的原来是个人或者少数人创立发展的,但是它们必须经过集体的同意和反复履行才能成为民俗。其次,跟集体性密切相关。这种现象的存在,不是个性的,而是类型的或者模式的。再次,它们在时间上是传承的,在空间上是扩布的"。民俗的这些特点决定了民俗学学科有其研究上的独特性,并和其他学科相区别。

民俗学作为一门学科,在近代社会科学史上出现的时间较晚,因而这一新兴学科不仅在研究方法上不得不借助其他学科已拥有的研究手段,而且在研究内容上也与其他学科存在一定的重复性,从而导致了民俗学一时难以取得独立的学科地位,民俗学的概念也众说纷纭。民俗学者陶立璠先生在综合了众多民俗学定义之后,对民俗学做出了较为恰当的解释:民俗学是研究人们在日常的物质生活和精神生活中,通过语言和行为传承的各种民俗事象的学问。这种民俗事象往往表现为一种传统的文化模式,供人们模仿和传承。

三、建筑民俗

民俗按照表现形态可分为物质民俗、社会民俗、精神民俗三类。建筑民俗属于物质民俗,是可感知的、有形的一种民俗文化。

建筑在人类生活中早就存在了,建筑民俗随着建筑的出现应运而生,只不过在人类早期的生活中表现得不明显而已。随着土木、砖石等建筑材料的使用,人们在房屋建造中充分展示了自己的聪明智慧和技艺才能,无论是普通民居还是宫殿建筑,都力求达到尽善尽美,这些建筑也成为辉煌的文化财富。同时,随着人们生活的地域、环境不同,追求实用和审美要求的不同,产生了各种建筑形式,并在此基础上形成了各自相异的建筑民俗文化。建筑民俗包括从建筑产生到使用阶段的所有民俗,大体可分为建造民俗和居住民俗两个方面。建筑民俗更主要的体现,在于建筑过程中的许多民俗惯例,南北方都有许多讲究。以南方为例,《西南少数民族风俗志》所载的傣族建造房屋的情形就很有特色,他们按照古老的传统风俗,先要选好吉地,然后犁耙碾平,放上石基,再开始立柱架梁。一幢房子的主要构件是中柱,因此选择中柱是一件严肃而隆重的事情。中柱从山上运进村寨,大家都要去迎接,并且泼水祝福。立柱时先立中柱,中柱一般有八根,分男柱和女柱,男柱叫"绍岩",女柱叫"绍南"。在立柱时还要给男柱和女柱穿上男女不同的服装。房子盖好后要举行"贺新房"仪式。人们蜂拥而来,喜气洋洋,像过节般热闹。一方面是主人为感谢大家而设宴招待,同时也是亲友邻居对新房主人的恭贺祝福。贺新房时要请歌手来演唱,有传统的唱词,唱词几乎概括了整个建房的过程。

四、形态与形态学

形态(form)依《辞源》可释为"形状神态",而它在《现代汉语词典》的解释有两种:一指"事物的形状或表现",二指"生物体外部的形状",近似于《辞源》所述。可见,形态的概念可分为狭义和广义两种。其中,狭义形态主要是指事物的外在空间形状,内在组织关系、功能等;广义形态在此基础上,还涉及事物本质的行为及其抽象认知。而正是广义形态这种能够体现形状与结构之间关系的认知与探究,推动了生物学分支——形态学的产生。

形态学(morphology)源自希腊语 morphe(形)和 logos(逻辑),意指形式的构成逻辑。形态学最早始于生物学,指以生物体整体及其组成部分的外部形状和内部结构为研究对象,以描述生物的基本形态及变化规律性为目的,与研究生物体功能的生理学相对。此后,随着相邻学科的发展,形态学被广泛用于历史学、人类学等领域,而形态学及分析方法也由简单的形态描述转为深层次的演变过程与规律总结,之后逐渐演变为两条思路:一是从局部到整体的分析过程,二是研究对象的演变规律。自 20 世纪形态学逐渐被用于城市与空间的研究,主要研究对象是它们的形式和结构,研究手段是观察、分析和归纳,研究目的在于其生长、演变的外在规律和内在逻辑。

作为研究形态的方法论,形态学的视角主要基于两点:一是作为一种物化形式,形态是相对固定与静止的;二是作为一种态势及规律,形态呈现的是外在形式的演变与发展过程,是可变的、动态的。

本书的研究对象——近代道外里院形态,涉及的是广义形态,具体而言,是指人类关于定居的意识和观念,并通过行为将这些意识和观念作用于空间实体的过程,既包含了居住的实体形态,又体现了居住的非实体形态。

五、居住形态

居住形态(living morphology)是指居住活动的过程与结果在居住生活与空间

上的物化呈现和外在表征,因此,其演变形态也能折射出居住活动本身的变化与演绎,同时,也凝聚着一定时代背景下社会、经济、文化等各方面的发展与变革。随着人类居住活动的内涵不断丰富,居住形态也处于不断演绎与拓展中。

居住形态包括狭义和广义两种概念。其中,狭义的居住形态主要是指居住空间形态,也就是居住活动作用于空间的结果,反映的是空间形式、结构、功能的实体关系。广义的居住形态是指人类关于定居的意识和观念,并通过行为将这些意识和观念作用于空间实体的过程。它主要涉及两个层面:实体形态的居住空间形式与非实体形态的居住生活方式。

居住形态的演变可以看作系统演变的过程,若各个要素均衡发展,彼此耦合,系统以良性状态不断自我更新和完善,这便是理想状态。而一旦某个或某几个要素发生改变时,其他要素会相应调整以达到新的平衡。若无法达到平衡,则会发生结构性的变革,引发居住形态新的发展。就一般规律而言,居住形态整体上始终远离平衡态,社会的进步、制度的变革、技术的革新、经济的发展、气候的适应性改变,这些都直接或间接影响着居住形态。这种演变逻辑区别于居住形态概念上的显性层面,影响要素一般涉及文化、社会、经济、气候等隐性非物质层面,彼此渗透、互相作用,在特定历史、地理和社会条件下,以特定的方式达到稳态的平衡。本书将以东北"里"式住宅中的里院为研究对象,探讨里院的系统性变革的内在机制和逻辑。由于篇幅内容的限制,主要涉及自然和文化两个方面,而文化指代的是广义文化,主要指经济形式、社会结构及风俗观念等。

六、"里"式住宅与里院

"里"式住宅统指一些以"里"为名的近代居住建筑,代表着一种本土居住的观念。"里"源于早周"闾里制",据《周礼·地官司徒》记载:"遂人掌邦之野,以土地之图,五家为邻,五邻为里,四里为酂,五酂为鄙,五鄙为县,五县为遂。""里"代表了古代"单元制"居住模式,至19世纪中叶,西方文化强势入侵,使得传统"里"式住宅的内涵发生改变。近代"里"式住宅主要包括以"院"为原型的北方大院式住宅和以"弄"为主体空间布局的南方天井式住宅,如青岛、哈尔滨等地里院住宅,上海里弄,天津里巷及武汉里分等。从内容上看,"里"式住宅以"里"来表达近代单元式集合性的居住形态,是城市化进程中一种比较普遍的新型居住类型。

"里院"一词是由鲁海先生首先提出的,他将近代一些聚居性合院称为"里院"。宋连威在《青岛城市老建筑》中,称这些周边式住宅为"中西文化结合"的"里",青岛人则称之为"里院"。也有从功能角度来定义的,"里"是出于商业功能,而"院"则出于居住功能,所以将这种商住混合功能的大院称为"里院"。里院建筑是20世纪前后西方联排住宅形态与中国传统合院形态互相融合的产物。

第四节 研究对象、范围及研究方法

一、研究对象

本书的研究对象为近代哈尔滨道外里院居住形态。主要包含两部分内容：居住形态的外在表征和居住形态的内在逻辑。

二、研究范围

(一)空间范围

本书研究对象主要位于哈尔滨道外的中华巴洛克集中分布区，东起二十道街，西至头道街，南起南勋街、南新街，北临大新街、北新街，里院范围示意图如图1-2所示。该区域内的建筑多为里院形式，由传统工匠建造而成。

图1-2 里院范围示意图

(二)时间范围

戴颂华老师在《中西居住形态比较——源流·交融·演进》一书中，以直接文化交流对文化特征变化的作用为依据,将中西居住观念形态及其演变划分为两个阶段,即以1840年为界,在此之前的称为传统居住观念形态,该阶段的主要特征为中西方之间接触较少,多为间接接触,其居住信念和居住价值体系多处于相对独立的状态;而之后的阶段称为现代居住观念形态,该阶段的主要特征为中西方直接接触增多,呈现出交融多元的态势。本书研究的时间对象主要确定在近代时期,而哈尔滨的近代史源于1898年中东铁路的修建,而道外里院的形成发展也源于该阶段,因此,确定主要的研究时间范围为1898年至1949年。

三、研究方法

对于近代哈尔滨道外里院住宅的研究,应将其置于特定的背景中,要充分考虑当时特定的社会体制、经济结构、文化意识、生活方式等,通过其居住形态的外在表征,探讨其演变的内在逻辑。通过对当时社会时代背景的归纳总结,并结合形态学的相关理论与观点,从历史学、社会学、环境学、文化学等角度,分析了里院居住形态的演化机制。具体的研究方法为文献研究法、调查法、学科综合分析法及比较分析法。

(一)文献研究法

文献研究法主要侧重于基础资料的收集与整理。首先收集近代哈尔滨道外的历史、建筑和城市规划的相关文献,主要包括历史照片、测绘图纸、地方志、报刊、档案等文字资料。通过对资料的阅读、整理与归纳,为研究工作的展开做了充分的理论准备。同时,收集居住形态和形态学研究的相关资料,系统地了解居住形态的相关理论,为本书的研究角度提供可陈述性依据。

(二)调查法

调查法主要分为实地调研、调查问卷及口头访谈调研。所谓实地调研,就是通过选取典型里院,对其形态特征开展考察、拍照、测绘等调研工作,这样既能补充文献资料整理的不足,也能对已有文献和现状进行比较研究;所谓调查问卷,就是对研究对象内的人员发放问卷,通过统计学的方法来比较研究该对象的现状资料;所谓口头访谈调研,就是通过与相关人员交谈,比如现居住在大院的老辈人、资料室档案库的工作人员等,以获得文献资料上没有记载的一些史料。

(三)学科综合分析法

本研究选取形态学的视角,而形态学最初出现在生物学的范畴中,后广泛应用到历史学、人类学。本书中涉及的居住形态的演化,一方面是社会各种力量的相互作用,另一方面也会反作用于社会,因此,不可避免地接触多学科,这里主要涉及社会学、历史学、建筑学、心理学、文化学等领域的相关知识。

(四)比较分析法

比较分析法是在民居研究中比较常用的方法,主要通过对同类型民居的同一性与差异性的比较,来确定研究对象的性质和特征。针对近代"里"式住宅的研究,在横向上主要受地域的制约,如哈尔滨里院与青岛里院的同一性比较,哈尔滨里院与上海里弄、武汉里分的差异性比较;在纵向上主要受时间的影响,以1840年为界,分为传统居住观念形态和现代居住观念形态。通过纵横比较研究,更具说服力,也能更清晰地厘清近代哈尔滨道外里院居住形态的自身逻辑关系。

第二章 哈尔滨道外里院的外在形态

城镇空间形态的内容既包含了城镇的总体空间布局形式,以及城镇中民居、街巷、河道、桥梁、广场等组成元素的格局、肌理、风格等实体表现形式,又包含了深层而广泛的非物质内涵。它受地方自然条件的制约,保存和体现了城镇演变过程中的社会体制、经济水平与思想文化等各种信息,反映出在一定的历史条件下,人的认知心理、行为与村镇空间的互动关系。

以前,在道外居住的大多数人是中下层市民,由于人口众多、用地紧张,因此建筑密度高、生活物质条件差,生活设施很难与道里、南岗相比。但是,道外却是哈尔滨民族工商业发展的基地,曾经出现过不少像武百祥、傅巨山这样有名的民族工商业者。虽然生活条件落后,但是道外传统的民俗、民风、民间艺术使其充满了浓厚的生活气息,而这些传统的民间活动和市井文化也浸透到了这里的建筑中,使它们呈现出迥异的风格。

在1898年以前,哈尔滨只是个小渔村,它的社会结构向近代文明的进展并不是靠自身发展而水到渠成的,而是在强迫状态下向资本主义过渡。自1898年起,以俄国为主的西方资本主义国家以修筑中东铁路为由,开始进入哈尔滨,并将其纳入世界经济体系之中,这也是哈尔滨迈向近代社会的开端。中东铁路开工筑路奠基仪式如图2-1所示。虽然哈尔滨同中国沿海地区的其他城市相比,进入近代社会晚了些,但哈尔滨并未遭受战火的洗礼,所以这一进程的发展速度很快。

由于外国军队的入侵和本国军阀的割据,近代中国的许多城市饱尝战火之苦。哈尔滨这座城市自诞生以来,没有受到战争的破坏,所有的城市建筑保存得完好无损。哈尔滨正是在中外其他城市战火纷飞之时迅速发展起来的。1904—1905年日俄战争期间,哈尔滨是俄军的后方基地,庞大的军需用品带动了哈尔滨工商业的初步繁荣。日俄战争直接推动了哈尔滨对其他各国开放,哈尔滨成了供外国人自由通商和居住的地方。日俄战争的硝烟刚刚散尽,吉林将军达桂上奏慈禧太后和光绪皇帝,称"哈尔滨铁路通畅,既为贸易往来之中心点,又为权利竞争之中心区,商埠之设诚不可缓",请求钦准在哈尔滨自行开辟商埠,并仿照当时山东的济南、江苏的海川及云南的昆明,先由朝廷拨用库银资助,然后设立公司招商入股。嗣经慈禧太后准奏,哈尔滨商埠局在道外圈河一带正式开埠通商。一时间,美国、日本、德国、英国等17国在哈尔滨设立领事馆,大量外资得以进入哈尔滨,对20世纪二三十年代哈尔滨国际贸易城的形成与发展起了巨大的促进作用,同时促进了道外民族经济的繁荣发展,为民族资本家建设道外近代建筑提供了大量的资金。

图2-1　中东铁路开工筑路奠基仪式①

随着西方国家的移民不断涌入道里、南岗两区,道外也难免受到西方文化的影响。道外处在一个多元文化交融、中西杂处的文化背景下,这也是其近代建筑形成的一个重要因素。

第一节　道外街巷的空间形态特征

道外是哈尔滨民族工商业发展的基地,这里聚集着各行各业的民族工商业者,这里商业气氛浓厚,"百铺竞秀、千号争丽"正是道外商业繁华的写照。简·雅各布斯在《美国大城市的生与死》中说:"当我们想到一个城市,首先出现在脑海里的就是街道。街道有生气,城市就有生气,街道沉闷,城市也就沉闷。"本书研究的道外,即现在的南勋街以北、江畔路以南、景阳街以东、二十道街以西范围内,它基本保持了近代时期遗留下来的街巷空间肌理,所以将对此区域的空间特色进行分析。

---

①李述笑.哈尔滨旧影:中英日文对照[M].北京:人民美术出版社,2000:15.

一、街巷布局与结构

哈尔滨市道外地处松花江南侧,与道里、南岗相比,地势较为低洼。道外在乾隆年间虽已形成以渔业为主的村落,但并没有得到迅速发展。近代,经过普通民众在原有村落的基础上进行建设并逐渐形成规模,所以道外的城市格局属于自然生长型。同许多传统沿河城镇一样,道外的街道走向多为平行于河道和垂直于河道两种,在这些街道中仍有众多巷道作为联系,使得整个道外的道路结构呈现出网络模式的特点。道外传统街巷区布局示意图如图 2-2 所示。

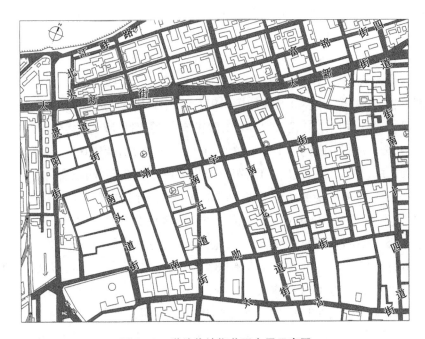

图 2-2　道外传统街巷区布局示意图

(一)街巷空间结构

道外以靖宇街、景阳街为主要道路骨架,连接道外东南西北四个方向的区域;由两条主要街道派生出众多的辅街和巷道,将整个道外划分为一个个相对独立的街坊。主次街道层次等级分明,形成了纵横交织的网络状街巷空间结构。道外的道路结构在空间结构中起着举足轻重的作用,它构成了道外的骨架,把各个单独的院落有序地组织起来,反映出道外所特有的空间肌理。

道外的街巷不是一下建设起来的,也没有人对其进行整体规划,这一点可从《道外志》中得到考证。街巷的肌理感在很大程度上源于居民对周围环境的尊重,是在统一的自然生长规则引导下发展起来的,使整个道外获得一种和谐的内在秩序和整体协调一致的肌理感。

1. 主街

靖宇街是道外的主要街道之一,全长约2 200米,走向与松花江河道基本平行。靖宇街是道外的交通骨干,连接着道里、南岗、江畔和哈东各乡镇。

靖宇街于1809年左右形成,与南北二十条街道相接。1916年,十四道街到二十道街路段逐步形成,称新市街,1933年统称正阳街。1948年,为纪念民族英雄杨靖宇将军将其更名为靖宇街。

靖宇街是道外出现较早的一条商业街,街面上有哈市第四百货商店、同记商场、亨得利钟表眼镜商店、老鼎丰食品店、三八饭店、向阳专业商店、五金电料商店、世一堂药店、红星理发店、三友照相馆等知名店铺,是道外最繁华的街道。靖宇街上出现店铺的时间是1906年前后,有洪盛永、东发合(1916年),益发合(1918年),新世界(1920年),老鼎丰食品店(1911年)、南货茶食店(1923年)等服务业网点。据《哈尔滨指南》记载,1921年正阳街有各类店铺75户,其中,绸缎布匹7户,大小五金1户,茶庄、药店19户,粮业11户,当业4户,金店6户,杂货业18户,烟草糖果2户,客寓2户,饭店1户,茶食南货4户。1927年,同记商场迁至道外靖宇街,标志着靖宇商业街的初步形成。1930年,靖宇街上的商业户发展到103户。其中,百货业16户、估衣10户、贵金属9户(全区仅此9户)、药店12户、靴店7户、糕点店5户、茶铺4户、饮食店3户、旅馆5户、浴场1户,等等。这一时期是靖宇商业街的繁华时期。1933年有店铺87户,主要有百货、药品、服装、当业等。1939年东北沦陷时期,商业网点大量减少,只有54户,主要有百货、布匹、化妆、皮货、贵金属、药品等。1943年,又有少量店铺得到发展,新开业20户,共计74户。其中,酒类、鲜货、食杂、茶叶店铺23户,占31%。1947年6月12日,在东北贸易总公司第二营业部的基础上成立了哈尔滨市百货公司(位于靖宇三道街)。同年11月25日,哈尔滨市百货公司道外分公司在靖宇四道街开业。近代哈尔滨道外靖宇街风貌如图2-3所示。

目前,由于道外大量拆旧盖新,加上原有道路宽度不能满足现代交通的需求,靖宇街的方石路面被水泥路面替代。靖宇街上一些院落沿街第一进房屋被拆毁了,有的老房甚至全部被拆除盖起了楼房。即便如此,仍然有一些地段保留了原有老房,街道宽度舒适,老街古风犹存。现在的靖宇街仍然是道外最繁华的商业街道。

图 2-3　近代哈尔滨道外靖宇街风貌①

2. 辅街

辅街作为下一个层级的道路,其主要的功能是分流主街交通负荷,同时把人们从喧嚣的空间引入一个相对幽静的空间。道外由主街(靖宇街)派生出众多的辅街,现在仍有很多保持原有肌理,如南勋街、头道街、南五道街、南六道街和被划定为历史风貌的二道街、三道街等。这些近代建筑都较好地保存了原有历史风貌,其商业和生活的气息仍然很浓厚。道外辅街的风貌如图 2-4 所示。

图 2-4　道外辅街的风貌

---

① 李述笑.哈尔滨旧影:中英日文对照[M].北京:人民美术出版社,2000:46.

下面,我们以头道街为例,看一下道外的繁荣。据史料记载,头道街以靖宇街为界,分为南、北头道街。南头道街南起太古街,北至靖宇街,是道外最早形成的街道之一,其最早的名称为南大街、安福街,1933年后改称现名,是道外人口稠密、交通便利、商业繁华的街道之一。其主要商业服务企业有虹桥商场、南头土产日杂商店、南头副食品商店、南头轻工市场等。南头道街最早的商业萌芽是南大街(现南头道街)的傅姓小药铺和兼卖饮食杂货的小客店,这也是道外地区最早出现的商业店铺。1903—1916年,南头道街相继出现同记商号、天丰涌、天丰源、源永杂货店、永来盛百货店。其中,以武百祥独资开办的同记商号和李云亭同别人合资开办的天丰涌最为知名。天丰涌是哈尔滨市民族商业中的大户之一,店员达90余人。1921年,南头道街共有商户60户。其中,粮业7户、金店5户、当业2户、绸缎布匹33户、五金4户、药店1户、粮栈7户、南货1户。1930年新开设商户49户。其中,百货17户、服装店3户、布匹1户、估衣9户、帽店1户、药店3户、鞋店3户、旅店2户、瓷器店1户、皮革店3户、各种油店1户、糕点店1户、干果店1户、书铺2户、代理店1户。1943年,兴起的经营业主要有百货、服装、食品等。其中,尤以经营食品居多,计有12户。1952年,南头道街呈现出繁荣景象,当时共有商业网点50余户。北头道街以经营饮食而闻名,形成饭店一条街。最早的饭店是清光绪二十八年(1902)天津北塘人张仁开设的"张包铺"(地址在北头道街张包铺胡同),是道外最早出现的饭店,也为北头道街形成饭店一条街开了先路。此后,北头道街街面上开始出现各类经商店铺。到1921年为止,有饭店1户、金店1户、浴池1户、粮业1户。1930—1933年,北头道街共有商户16户,主要经营杂货、服装、鲜果、蔬菜、饭店等。1943年,北头道街经营行业主要转向食品杂货,有天盛号仁记,永合成盛记、魁发东等16户。1952年,北头道街各行业网点主要经营旅店、杂货、服装、饭店等。除了头道街外,五道街、六道街等很多条街巷都体现出近代道外的商业繁荣。

3. 街巷

街巷是层次最低的街道形式,多数入户的院门都开在街巷上,也是最具生活气息的空间。道外的很多街巷一般垂直于街道,宽者不过二三米,窄者不足1米,只可一人通行。街巷的交通量一般不大,空间曲折幽静,尤其是部分尽端式街巷只有一个出入口,这就避开了来往交通,保证了居民生活不受干扰。道外的街巷不仅功能合理,而且很多名称都带有老城遗韵,如铁匠炉胡同、鱼市胡同、染房胡同和尚朴街就属于此种情况。道外街巷的风貌如图2-5所示。

图 2-5　道外街巷的风貌

4. 节点空间

对于传统聚落而言,道路通常表达为共性化的连续性意象,而节点则提供丰富的个性化意象。对于线形道路空间,节点具有重要意义,它是人们往来行程的焦点。凯文·林奇在《城市意象》中指出:"节点或者可说成交通线上的一个突变,对城市观察者来说是很重要的。因为人们在这里必须做出抉择,他们要集中注意力,更清楚地感觉周围环境。正因为如此,连接点处的构成因素所特有的显著取决于它们所处位置。"

老镇区的节点空间通常位于街巷的起始点处、结合处、转折处或局部凹进处,其形态表现为界面退让出一定的距离,局部空间被放大。伴随着街巷等级不同,节点空间也相应地分为不同等级。圈楼广场就是道外最具代表性的节点空间,它是在高密度的建筑群中拓出的围合的内向型广场,有传统的集市特点,当地人称之为"道外四宝"之一。据记载,当时广场中可搭戏台或进行市场交易,周围曾布置商铺、酒肆、妓院等。这个广场尽管不大,但交通四通八达,形成了文娱、生活和商业中心。遗憾的是,圈楼广场现已被拆毁,我们又失去了一个珍贵的城市景观。此外,道外还有较多的街道局部凹进型的节点。从空间上讲,它与周围道路在视觉上、领域上一体化,可及且易靠近,或者说干脆就是道路的一部分,即"密接"空间。纵使它很小,然而它开敞、方便,人们可了解其内部活动,或者进入该空间从事活动,所以这类"密接"空间是较符合人们心理需求和商业需求的公共空间。道外的节点空间如图 2-6 所示。

(a)十字路口　　　　　　　　(b)街道转折处

图 2-6　道外的节点空间

(二)街巷空间序列

　　所谓空间序列,是指空间运动中所呈现的顺序性和连续性的特性。道外街巷中所表现出的空间序列,是指一种性质的空间向另一种性质的空间过渡的秩序。这种空间序列常伴随人的活动和情感意识,即会产生情感序列。从以上对道外主次分明的网络状街巷空间结构的分析可以看出,道外街巷的空间艺术特征主要表现在街巷中不同层次的空间序列上,如图 2-7 所示。

(a)主街　　　　　　　　　　(b)辅街

图 2-7　逐级展开的空间序列

(c)巷道　　　　　　　(d)院落

图 2-7(续)

从道里、南岗或者码头进入道外,首先经过靖宇街和景阳街,再到各条次街和巷道,最后入户。入户要先经过私家院落,有的甚至是多进院落,经过了从公共到私密的空间序列。道外的空间组织方式为"主街—辅街—巷道—院落",这个过程像筛子一样,将道外的繁华与喧嚣层层滤去,留给居民的是宁静与雅致。

二、街巷功能与设施

过去道外的功能以居住和商业贸易为主,在其历史繁华时期,还曾有县衙、当铺、戏楼、烟馆、妓院和寺庙等公共建筑和设施,且数量之多、门类之齐全,显示出道外在近代史上已不仅是一个区县规模,而是具有了相当完备的城市职能。现在,道外中除部分街道保留一些店铺外,许多传统的商业街已丧失了原先的商业功能,很多街巷已经完全转型为居住性的生活街区。

(一)交通与供给功能

日俄战争期间,道外曾一度是俄国在东北地区重要的物资集散地。道外对外的主要交通联系方式是松花江的水路和中东铁路,码头和车站就是内外交通的中转枢纽。码头、车站和各家店铺之间,就是通过道外的交通体系——街巷网络进行人流、物流的分散与集中,从而完成道外内外间的交通运输和物资供给。道外内由靖宇街构成的交通骨架,担负该区内部交通集散,同时是道外与外界联系的过境交通干道。

步行或人(畜)力交通工具是道外过去的主要交通方式,这种慢速的交通方式直接增加了人们交往的机会,也促成了道外传统的街巷尺度和风貌景观。现代交通工具被使用后,部分街巷为了满足使用需求进行了适当展宽。遗憾的是,随着道外建设和现代交通方式的变化,许多街道被取直和拓宽,老道外街巷传统尺度和风貌受到了很大破坏。因此,作者觉得应该保护尚存的传统街巷格局与尺度,避免进一步拓宽、拉直、打通,不能让"交通发展需要"成为破坏传统街区堂而皇之的借口。

(二)居住与商业功能

道外的近代建筑有三种形式:一种是纯粹居住用,一种是纯粹商业用,另一种是前店后宅(厂)式。民族实业家武百祥于1927年在靖宇街与头道街交口处建造的同记商场就是一个纯粹商业用的建筑。但前店后宅(厂)式的近代建筑占大多数,其形式为沿街一层用作商业店铺,垂直于街道向里再布置院落,形成一条条商业街,多数分布在靖宇街和次要街道上。

随着商业经营行业化发展,道外形成了一系列专业性商业街,如专营水产的鱼市胡同,专营五金的北五道街,专营染洗布生意的染房胡同等。现在的南勋街、北五道街等街道还保留一些店铺,以满足居民的日常生活需要。商业氛围浓郁的街巷如图2-8所示。

图2-8 商业氛围浓郁的街巷

(三)交往与生活功能

老道外的街道事实上就是老镇区居民的公共活动场所,相当于外部"起居室"。街道空间所具有的这种"室内性"赋予人们强烈的保护和归属感,房屋与街道紧密结合在一起,构成一个大的生活空间。街道作为交通空间的同时,是人们驻足观赏、纳凉散步、打牌下棋、休憩交谈等自发性活动的场所,也是孩子们嬉戏的乐园。小尺度的街道空间还可使街道两侧建筑内部的人们进行对话,具有浓厚的人情味(图2-9)。

自发性交往活动一般多发生在道路交叉口等节点空间和门前空间。道路交叉口人流多,视线通透,易于形成"人看人"的气氛。门前空间是院内外过渡空间,它属于街道的一部分,是公共空间,在某种程度上又有私密性,是院落空间的延伸。

道外居民常挂在嘴边的"张家门前""李家门前"便是这类空间属性的限定,走出家门,碰到路人寒暄几句就有可能促成下一步交流。发生在街巷的邻里交往活动也有利于道外居民形成社区意识,巩固道外的基本社会结构关系。在节假日,街道又成了婚丧嫁娶、庆典等活动的场所。

图 2-9　街道上居民的交往活动

(四)街巷的设施

道外开埠以后,当时的政府开始着力建设道外的基础设施。1913 年设滨江县知事公署时,正式设立了土地清丈局、马路工程局等城市管理、规划、建设和修堤防汛等部门。1916 年开始丈量街基,"市政各事具雏形"。之后历年在街区、道路、筑堤、排水、供电、供水、园林等建设方面,政府都有一些规划并组织实施。这些设施不仅改善了道外居民的生活条件,而且其独特的形态也成了现在道外的文化景观(图 2-10)。

图 2-10 街巷旁的设施

三、街巷空间的界面

界面,就字面意思来说,指限定某一领域的面状要素;相对于空间来说,是实体与空间的交接面。一方面,界面是实体要素的必要组成部分;另一方面,界面与空间相互依存,相伴相生。边界不是某种东西的停止,而是某种新东西在此开始出现。各种不同性质的界面经过组合,产生某种极富活力与生气的界面总和,即复合界面。街巷空间复合界面是由街巷、建筑、绿化、设施、小品等形体要素和自然要素所构成的界面组合,从空间构成上讲,就是水平的底界面和垂直的侧界面。

(一)底界面

道外道路是街巷空间的底界面,也是人们直接接触较多的一个界面。据记载,1915 年以前,傅家甸地区的街巷道路全是土路,高低不平,人车混行,风天灰尘四起,雨天泥泞难行。1916 年 4 月,傅家甸马路工程事务所开工修筑通往太平的太古街、西正阳街、十四道街和通往秦家岗的南北大街(现景阳街),同时在小五道街等地铺设人行木板道。1921 年,太古街(天一街至太古十九道街)的路面改建成石头路面,成为道外第一条石头路面。1925 年,正阳街开始铺装方石路面。此时在哈尔滨中央大街铺装的方石路面(图 2-11),每块方石的费用约一块大洋,按照这样推算下来,道外靖宇街的方石路面肯定花费了一笔巨额资金。由此可见,靖宇街不但在道外具有重要作用,在整个哈尔滨同样具有很高的地位。

图 2-11 中央大街的方石路面

(二)侧界面

街巷空间的侧界面或垂直界面,是由连续的建筑物或设施等构成的主要界面,它既是街巷空间实在的垂直界限,又是一定视距下的主要观赏面。街道空间的背景,是人们对街道意象的主要感知对象。因此,一般情况下,人们在街巷空间走动或者静止,都会与侧界面发生关系。对街巷空间侧界面的把握,是研究街巷复合界面的重要方面。

由于道外近代建筑的建造时期不同,其建筑形式、材料也不尽相同,不同风格的建筑毗邻而立,但街巷侧界面却在多样化中呈现出很强的统一连续感。这是因为道外近代建筑的体量十分相近,沿街建筑立面都是西方古典建筑的构图方式,因此两栋建筑之间的联系十分紧密(图 2-12)。

(a)南二道街沿街建筑立面　　(b)南四道街沿街建筑立面

图 2-12　连续感强的道外街道

四、街巷空间的特色

道外的街巷更注重在均衡状态下变化,有韵律感和节奏感的连续建筑立面,在建筑尺度和细节处理上具有相似性,但又在同一中存在着变化,丰富且统一。人们在道外的街巷中穿行时,可以强烈感受到道外近代建筑的独特文化和历史的沧桑。

(一)宜人的街巷尺度

尺度的本质是与人发生关系,其最根本的度量标准是人本身,城市与建筑的尺度只有对人而言才有意义。街巷的空间尺度(图2-13)是街巷空间及其构成要素给人的感受,反过来,不同的空间尺度又会影响人的行为和心理活动。

道外生活性的街巷 D/H 值(沿街建筑距离 D 与高度 H 的比值)多数在 0.5 左右,一般会让人产生压抑的感觉,但是动态的综合感觉效应,并未使人感到明显不适。因为平面上不时有街巷转弯、交会处,或者有节点空间出现,加上立面上的轮廓线有节奏地起伏变化,打破了压抑感,而空间的这种抑扬顿挫使人不断产生兴奋之感。商业性街道的 D/H 值多为 $1\sim2$,空间紧凑,有封闭能力且无建筑压迫感,使街道显得繁华热闹。在这种空间尺度下,人们的交通方式以步行为主,而步行速度缓慢,有产生各种交往的可能。人们之间不再陌生,互助友爱,从而形成纯朴的民风,他们在这里的生活方式不是机械的,而是自然的。

(a)主街　　　　　(b)街巷

图 2-13　街巷的空间尺度

(二)曲折变化的街巷空间

受传统文化的影响,中国传统城镇的街巷空间大多曲折蜿蜒,道外的街巷也是如此。只有当你走完整条街巷时,才会体会出街巷的整体意象。以现代城市设计观点来看,笔直的街道给人理性的次序感和庄严感,而过长的直线型街道会给人带来心理上和视觉上的疲劳。人们行走于曲线型街道上,视线上会出现阻滞,前方总有可注视之处,而不至于一眼望穿(图2-14)。随着人们在街道上行进,不断变换目光所注视的临时目标,从而形成持久的兴奋感与期待感,街景也如同一幅幅画卷徐徐展现在人们眼前。步移景异既增加了城市的空间层次,增强了城市的尺度感,又拓宽了人们的视野与角度,增添了人们步行的乐趣。街景的时隐时现,给人以"山重水复疑无路,柳暗花明又一村"的感觉。

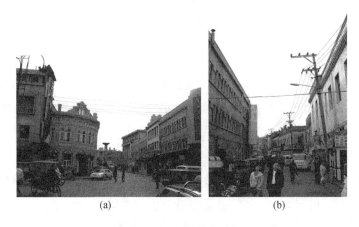

图2-14 曲折变化的道外街巷

第二节 道外院落的空间形态特征

在中国传统建筑中,院落是必不可少的,可谓"庭院深深深几许,杨柳堆烟,帘幕无重数"。无论是北京的四合院、上海石库门内的天井,还是广州西关大屋的内庭院,院落无疑是东方人绵延至今的居住情结。李允鉌先生指出:"中国城市的组织形式虽然经历着不少变化,但是无论在哪一种形式中,一种传统的城市组织精神仍然不断地保留着,它所表现出来的一切就成了'中国式城市'的一种真正的性格。"而这种"精神"指的就是以院落为居住模式的生活。

院落是外界环境和室内环境间的一个融合与过渡的区域,在中国人的生活中,院落更是人们生活中不可或缺的,如晒谷、宴客、游戏、乘凉……是经常在这样一个露天却又围合的良好空间中进行的。重视院落空间是中国传统建筑的又一个构成特征,同样是道外近代建筑的特征。首先,道外近代建筑的院落空间要满足"自然人"的需要。一是适合人进行室外健身活动,呼吸新鲜空气;二是具有良好的日照通风条件,并设有排水暗沟,在有条件的地方还可引清流入庭;三是按气候区的不同,利用院落空间来调节温、湿度,以达到冬暖夏凉的需求。其次,道外近代建筑的院落空间还要为"社会的人"提供劳作、交往、集会、娱乐活动的场所;使人们居住安宁、休息活动具有私密性和领域感,这是人的心理和行为上对环境的要求。院落既是联系大门入口和房间的过渡空间,成为活动中心,又是布置山池树木、观赏花草的空间。院落布局还具有一定的防御功能。

一、院落的构成要素

(一) 单体建筑

道外近代建筑多为 2~3 层,也有 1 层和 4 层的建筑单体。有一字形平面和 L 形平面两种,通过不同的围合方式来形成大院空间。由于用地紧张,因此建筑单体之间连接紧密、空隙狭小。

(二) 楼梯外廊

道外近代建筑多采用外楼梯的形式,有木质外楼梯、混凝土外楼梯和木材与混凝土混合使用的外楼梯。在后期建造的道外近代建筑中出现了一些室内楼梯,有的是直接使用室内楼梯,有的则是室内楼梯与外楼梯相结合,其形式十分丰富(图 2-15)。一些外楼梯还保留了遮阳挡雨的木质雨篷。

(a)　　　　　　　　　　　(b)

图 2-15　道外大院内楼梯的形态

(c)

图 2-15(续)

(三) 视觉景观

并不是道外的每一个大院内都有视觉景观,它们只会出现在较大的院落空间内。其题材也是多种多样的,有传统民居中常选用的花草,有在园林中才会出现的亭台,还有西式的花坛、水池等。

(四) 生活设施

自来水、污水窖、公共厕所是道外民居必不可少的公共设施,它们多被安置在入口处或者角落里。早期的胡家大院还出现了锅炉集中供暖的生活设施,可以说是一种先进的生活理念。

二、院落的布局形态

我国传统院落式民居是通过院落这一"虚空间"来组合房屋"实空间"。由于院落形态弹性可变,所以院落式民居具有形态多样性和广泛适应性的特点。哈尔滨地处寒冷的北方,为增加日照,院落尽可能地采用大的尺度,其平面布局不拘定规,因地制宜,通常循地势之高低、街道之曲直,自由灵活。

道外的近代大院建筑多为四合院,因经济条件不同和用地的制约,也有三合、双面、单栋和多进的院落形式,围合的建筑多为2~3层的内廊式住宅(图2-16)。居室不同于传统民居,常采用向院内开窗的方式,有时为了取得良好的通风、采光条件,也会向院外开窗。院落大门通常设在中轴线上或院落的角落,并且大门不求正南向,西向、北向、东向等均可设置正门,这就形成了自然有机、灵活多样的院落布局形态。为了保证院落的私密性,有些大院在大门处还做了视线的处理,令外面的人不能直接观察到院落内的活动。沿街有商铺的大院多采用前店后宅(厂)的形式,商店无纵向高度和横向广度,人的商业活动只限制在一层的界面上。

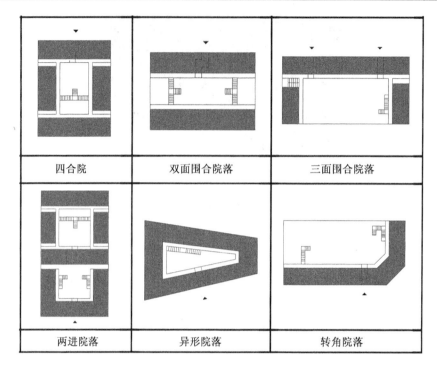

图 2-16 道外院落典型的几种布局方式

三、院落的层次关系

院落空间是由门、廊、堂、厢等房屋或院墙围合而成,其整体布局和形态虽自由灵活,但还是有着明确的序列性,院落内部也有着明确的主从关系和轴线关系。院落空间是建筑的外部空间,相对于街道的外部空间来讲又属于内部空间,因而它是一个亦内亦外的复合空间。

哈尔滨道外近代建筑的院落空间构成的序列性主要体现在内外空间层次上,基本是由室内空间(封闭空间)、外廊空间(半开敞空间)和院落(开敞空间)构成了一种过渡的空间层次,如果是多进的院落内院、外院,还会有层次上的区别。除此之外,在道外大院内还存在一种类似于过街楼的交通过桥(图 2-17)。这个横跨大院两侧外廊的交通过桥,不仅方便了人们通行和居民交往,而且增加了院落的景深和空间层次。

院落格局的安排要按其使用的私密性程度布置,通过院落的组织形成一个有层次的布局。入口是院落内最具有公共性的部分,将人逐渐引入私人性较强的半公共性区域,最后到达主人自用的私房。如对陌生人、朋友、亲属、家庭成员各自活动的场所要有层次上的安排。在传统的民居之中,如果不考虑渐进的层次,把许多空间混杂在一起,就不能反映社会与家庭生活中的交往关系。因此,在规划、布置一栋宅院时,要创造一个渐进层次的院落。

图 2-17　建筑内的交通过桥

第三节　道外近代建筑的外观特征

中国传统建筑中十分重视立面构图与造型,讲究对称、均衡、韵律、对比、和谐、比例及尺度等。道外近代建筑空间布局有明显的纵深性,它们多为 2～3 层砖木结构建筑,体量不大,整体协调。建筑沿街立面采用欧式建筑的"三段式"构图,每个时期的近代建筑风格又各有特色,外立面细部装饰包含了折中主义、新艺术运动、俄罗斯民族风格和中国传统建筑风格的装饰,也有日本 20 世纪 30 年代的近代式的建筑风格。

一、立面形式分析

(一)按建筑材料划分

道外近代建筑的外观按照建筑材料可分为清水砖墙和抹灰墙面。之所以会出现两种类型的建筑形态,其主要原因是哈尔滨地区的社会变革。

1. 清水砖墙

清水砖墙的建筑出现的时间大都比抹灰墙面的建筑早一些。在清水砖墙与抹灰墙面的建筑中,仍可细分出不同的砖墙和抹灰形式,它们分别代表了不同时代的社会文化环境。

以青砖为建筑材料的近代建筑,普遍出现在道外建设的早期。青砖在我国传统建筑中是广泛运用的建筑材料,由于人们已经掌握了青砖的制造工艺和性能,且青砖建筑的厚重质朴正是道外民众所喜好的,所以在道外近代建筑产生伊始,建筑者们普遍选用青砖作为建筑材料。青砖建筑的檐口、线脚、牛腿等装饰都是由砖拼贴构成的,有些女儿墙还是传统民居中的花砖顶和花瓦顶,看起来格外通透美观。只有在建筑重要的位置才会有被涂以醒目颜色的砖雕或灰塑,起到了画龙点睛的作用,并美化了建筑形象。

但是青砖存在抗压力小、易被破坏、吸水甚大、易粉蚀的弊端,而红砖恰恰弥补了这些不足。俄罗斯人在建造道里、南岗的建筑时广泛使用红砖,又在一定程度上扩大了红砖的使用。从那时起,红砖形式的道外近代建筑才得以出现。同青砖建筑一样,红砖建筑的装饰也是由匠师们用砖砌成的,但此时的窗套、线脚等装饰更加西方化,女儿墙的轮廓也较多变,外立面上重点部位的砖雕较青砖建筑有所减少(图 2 – 18)。

(a)青砖建筑

(b)红砖建筑

图 2 – 18　清水墙体的道外近代建筑

2. 抹灰墙面

抹灰墙面出现在日俄战争时期。此时道外的民族工商业十分繁荣,匠师们已经在一定程度上掌握了西方的建造技术,综合因素促使近代建筑的建筑形态发生了变化。根据墙面装饰的程度不同,抹灰墙面建筑大致有两种形式,一种是装饰相对烦琐的建筑形式,另一种是装饰相对简洁的建筑形式。

我们在这里所提到的烦琐与简洁,指的是建筑外立面装饰所表现出来的特征。众所周知,装饰分为本体性装饰和附加性装饰。烦琐的道外近代建筑具有的明显特征就是建筑立面上具有过多的附加性装饰,这些装饰遍布建筑全身。而抹灰相对简洁的道外近代建筑则更多的是本体性装饰,即对建筑本体进行修饰的装饰(图2-19)。

图 2-19 抹灰墙体的道外近代建筑

(二) 按强调部位划分

道外近代建筑的外立面不仅观赏性很强,而且每栋建筑都会有自己的焦点。道外近代建筑的立面形式可按对建筑强调部位的不同划分为强调中央、强调两端、强调一端、强调中央和两端、强调转角五种形式。

1. **强调中央**

这一类的建筑形式多将建筑院门、阳台、女儿墙、异形窗设置在中央,或者将院门、阳台、异形窗和女儿墙等组合在一起,形成建筑的强调部位(图2-20)。

图2-20 强调中央部位的立面形式

2. **强调两端**

形成这种形式的原因多是建筑入口在一侧,重要商铺在另一侧。为了强调两个部位,在立面上必然会形成两个焦点,但这两个部位强调的焦点并不一定相同或对称(图2-21)。

图 2-21　强调两端部位的立面形式

3. 强调一端

这类建筑形式大都出现在道外较小型的近代建筑中,由于沿街立面很短,所以只能选择强调入口或者强调商铺,立面形式呈现出不对称性(图 2-22)。

图 2-22　强调一端部位的立面形式

4. 强调中央和两端

在道外大型的近代建筑中,强调中央和两端是较常见的一种立面形式,它们多是由较大的民族工商业者建造的。由于沿街立面长,商铺和入口较多,可被强调的部位自然增多,因此一般是将入口放在中央的突出部位(图2-23)。

(a)

(b)

(c)

图2-23 强调中央和两端部位的立面形式

5. 强调转角

道外近代建筑中有相当一部分建筑带有转角外立面的形式,也就是"L"形的平面。转角部分由于其位置特殊易被行人观察到,自然就成为建造者们强调的部分(图2-24)。

(a)

(b)

(c)

图 2-24 强调转角部位的立面形式

二、重点部位分析

(一)院门

院落空间是中国老百姓舒适安静的生活场所。关上大门,外界的尘嚣都被留在了高墙之外,正可谓"遥知静者忘声色,满屋清风未觉贫"。在中国传统建筑群中,门的设立源于一种防卫的目的,后来发展成为艺术形式上的构成要素。从平面构成的艺术角度看,中国传统建筑的门担负着引导和带领整个主体的任务,它如同音乐、戏曲的楔子一样,是序曲、前奏,或者是戏剧和电影的序幕、开场白。

道外近代建筑的院门尺度都不是很大,高度为 2~2.5 米,宽度为 1~2.5 米,宽一些的院门可过车马,窄一些的院门可容两人侧身而过。院门处设有院内到院外的排水沟,可以将院内的雨水排至街道上的排水沟中。院门一般是木质门板,分为单开和双开两种。尺度稍大的院门门板会加包铁皮,同时铁皮上镶嵌有钉头排成的装饰图案。在建造较早的近代建筑中,院门采用的仍是传统民居中门轴的固定方式,门洞也是砖拱券的形式。到了后期,由于建筑五金业的发展和西方建造技术的引进,门轴逐渐被铁合页所代替,砖拱券也被钢筋混凝土过梁所取代,但为了追求美观,有些建筑仍保留了拱卷的形式。建造者们为了强调门的地位,常常采用倚柱、阳台、山花、石质匾额等中西合璧式的装饰,同时会利用女儿墙来突出院门。此外,两个院落的院门不可相对,民间取义"口对口,口舌多",实际上也是为了满足私密性的要求(图2-25)。

图2-25 道外近代建筑的院门

(二)外廊

外廊是道外近代建筑中很重要的一个部分,也是道外近代建筑不同于道里、南岗的地方。外廊的设置使屋身立面增加了一个层次构成,它不仅起着通行的作用,还联系着室内空间和室外空间,是室内与室外空间的过渡,也就是黑川纪章先生所说的"灰空间"。在道外近代建筑中,外廊是人们在闲余时间进行交往的空间,同住在一个大院的人,可以利用这个空间增进彼此的感情。外廊的存在抹去了室内空间和院落空间明显的界限,使两者成为一个整体,给生活在其中的人一种自然有机的感觉。道外近代建筑的外廊如图2-26所示。

(a)带玻璃的廊　　(b)外廊的尺度　　(c)外廊的木装修

(d1)　　(d2)

(d3)　　(d4)

(d)外廊的悬挑、栏杆及挂落

图 2-26　道外近代建筑的外廊

道外近代建筑中的外廊悬挑大约 1 米。早期的外廊都是用木梁悬挑,梁上面再铺设木板。到了后期,随着钢铁和水泥在外廊中的应用,外廊的悬挑也由木材变成钢铁和水泥,靖宇街 384 号的外廊则是由钢铁和水泥建造的。道外近代建筑的外廊,大都采用中国传统建筑的元素,如木栏杆、木柱、雀替、挂落和楣子等。但在其形式上却不都是传统的形式,像大多数檐下的挂檐板是俄罗斯木构建筑上常见的细密层叠的齿状装饰,还有木栏杆的形式是从欧式古典建筑构件演化而来的,虽然木栏杆的形式西方化,但部分栏杆却运用了传统剪影的装饰手法。外廊中最能体现传统建筑特点的当数外廊的雀替、挂落、楣子,它们不仅带有几何图形的装饰和细致传神的木雕刻,还有简化抽象的构件形式。这些装饰一方面美化了虚界面的轮廓,同时增加了空间弱限定的品质。值得一提的是,一些道外大院的外廊还带有玻璃窗,形成了类似于现在阳台的空间,冬季可以起到保暖的作用。

(三)屋顶突出物及女儿墙

位于建筑物顶部的屋顶突出物(以下简称"突出物")及女儿墙,易吸引人们的视线,对建筑物轮廓线的形成有着不可低估的作用。哈尔滨道外近代建筑的突出物及女儿墙独具特色,其自身形态也值得关注。突出物与女儿墙独特的样式,成为外来人员识别道外建筑的依据。

道外近代建筑的突出物不同于道里、南岗,多为传统的建筑形式,这些带有突出物的建筑大都建造在街角等重要的位置,起到了街道对景的作用(图2-27)。女儿墙在道外近代建筑中的作用同样十分突出。在道外,不仅可以看到传统民居中花砖、花瓦形式的女儿墙,还可以看到带有精细灰塑的女儿墙,同时还有简洁装饰或无装饰的女儿墙,更有些近代建筑的女儿墙上同时存在各式各样的民俗符号。为了配合强调建筑的院门和商铺,建造者们会利用女儿墙的形态和装饰使其形成视觉焦点,增强强调的作用(图2-28)。

(四)窗

窗在我国传统建筑和造园中的作用是十分重要的,它不仅要满足通风采光的基本要求,还要有"纳千顷之汪洋,收四时之烂漫"之功用。窗的位置、大小等不仅关系到房间的使用,还关系到建筑形象的定位。出于保暖、防尘及防盗的需要,道外近代建筑的窗一般做成双层,内外双开,大窗上设有气窗。其中,矩形窗最多,且高度要大于宽度。此外,拱形窗、由小窗组合而成的窗、异形窗在道外近代建筑中也有相当一部分。它们的存在美化了建筑的外在形态,有的建筑外立面的拱形窗连在一起,极具动感。道外近代建筑的窗套也独具特色,有些窗套是由砖拼贴出来的,有些窗套是灰塑的,不论哪种形式的窗套,都或多或少地带有一些传统的吉祥图案(图2-29)。

第二章 哈尔滨道外里院的外在形态

图 2-27 道外近代建筑上的屋顶突出物

图 2-28 道外近代建筑上的女儿墙

(a1)　　　　　　　　(a2)
(a)清水砖墙建筑上的窗　　　　　　　(b)灰浆饰面建筑上的窗

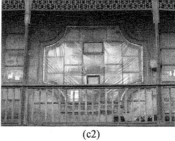

(c1)　　　　　　　　(c2)　　　　　　　　(d)组合窗
(c)异形窗

图 2-29　道外近代建筑上窗的形态

(五)转角

道外近代建筑的转角一般位于街角处,由于这里会使不同方向的人同时注意它的存在,所以转角是视觉与交通的转换点和焦点。道外近代建筑的转角形式多为切面硬式转角,即将建筑的交角切割成面,做出一定的退让,这样既有利于交通又易于形成公共空间。除了硬式转角之外,个别建筑采用的是自然柔和的柔式转角(图 2-30)。

为了强化建筑转角部位的视觉作用,道外近代建筑的转角部位通常会利用女儿墙的升起来处理。除此之外,铁艺阳台、柱式、异形窗、墙体凹进、竖置的店招等都是常见的处理转角处的手法。

(a) 硬式转角

(b) 柔式转角

图 2-30 道外近代建筑的转角

(六) 墙体

由于东北地区冬季气候寒冷,因此墙体厚度必须满足防寒保暖的要求。一般来说,为了抵御寒冷的西北风,墙厚设计为 450~500 毫米,房内隔墙略薄些。道外近代建筑的墙体都是砖砌而成的,不同时期会采用不同类型的砖。一般人家砌筑墙体时不用加工,但有些人家对砖的要求比较高,须对砖的上下两面进行加工打磨,更有甚者要将砖打磨多边。砌筑方式多为卧砖墙,采用十字缝(即全顺式)的砖缝形式。这种形式的特点是,砖全部以长身露面(转角处除外),不仅省砖,而且墙面灰缝少。在后期建造的建筑外墙上,还设有连接室内外的通风口。

受西方建筑文化的影响,道外近代建筑有着明显的横向分层线条,横向的分割常常占据主流地位。窗台下方的槛墙一般是主要的装饰带和题字的地方,檐口一带通常会被处理得比较醒目。清水砖墙的建筑在分层处会利用砖块的形体,以不同的砌筑方式,砌出形式多样的装饰带来。灰浆饰面的建筑的分层线,简洁的就以几条简单的线条来表现,复杂的会以很多种花纹或立体装饰来表现。道外近代建筑上除横向分层线较醒目之外,还有相当一部分建筑是以竖向线条为主的立面形式,竖向的线条贯穿于建筑立面。这些竖向的线条常常是表现建筑的分间方式,简化和复杂的竖向倚柱是匠师们喜用的形式。

　　道外近代建筑中多是硬山式的山墙,但由于道外混杂各地文化,其他像马头墙、云形墙的形式也同时存在。不同于传统建筑,道外近代建筑为了满足室内采光和通风需求,常常会在山墙的位置开窗。道外近代建筑的墙体如图 2-31 所示。

图 2-31　道外近代建筑的墙体

第三章 哈尔滨道外里院形态的文化影响

　　文化的存在是为了满足人类的各种需要,且不断满足人类提出的新需求。所以,文化在本质上是一个动态系统,它是人类世代积累起来的精神成果,是建立在人类的基本需要之上的。这里所说的基本需要,应当理解为物质需要和精神需要两个方面。随着社会的进步,人类的物质需要在很大程度上获得满足以后,其精神需要则表现得尤其突出。建筑民俗作为一种文化事象,也具有这种特点,故此,应该把研究重点放在精神层面上。民居作为广大人民生活的依托,其功能主要是满足生活需要和安全需要。作为安全需要,一方面是防止自然界中的危险,另一方面是战胜心理上的恐惧,于是便产生居住信仰。民居建筑和民俗都和老百姓的生活有着密切的联系,所以我们研究民居建筑的同时不能忽略民俗的存在,将二者统一起来进行研究有很重要的现实意义。

第一节 道外的民俗文化

一、近代道外的民俗事象

　　近代道外人们的生活民俗受到时代和社会的影响而呈现出独具特色的魅力,展现了时代变迁和历史发展的轨迹。这一时期的生活民俗,既有传统文化的历史沉淀,又受到外来文化的影响和渗透,加之与北方游牧文化和土著文化相结合,是受多种文化共同影响的产物,集合了多种文化的精华。近代道外人们的生活民俗,既体现了地域的特点,又具有移民的特色。如果要对道外居民的民俗事象做一简述和分析,则要从衣、食、住、行四个方面入手。

　　(一)服饰习俗

　　人们建造住所是为了躲避风寒和抵御野兽的侵袭,与这种求安居的目的相联系的是服饰和服饰习俗。服饰习俗,是指与人们穿戴有关的衣服、鞋帽等风俗习惯。起初,道外居民的服饰习俗传承于传统习俗,基本没有大的改变。到了民国时期,因没有了清朝关于服饰的严格规定,加上哈尔滨地区受西方文化的影响,于是道外居民的服饰习俗发生了较大的改变。同记商场一度以制作皮帽生意而闻名,这是因为清朝灭亡后,人们纷纷剪掉了长辫,从而改变了服饰习俗。服饰习俗的改变为道外的工商业者提供了商业契机,同时在一定程度上影响了道外近代建筑的建造。

(二)饮食习俗

俗话说"民以食为天",饮食在人类生活中占有十分重要的地位,它不仅满足了人们生理的需要,而且在长期的历史发展过程中,同样丰富了人们的精神需求。由于道外聚集了众多的移民,所以该地区的饮食业相当发达。

道外的饮食业最早出现于清光绪二十八年(1902),是天津北塘人张仁开设的张包铺,地址在今张包铺胡同。1912年,道外有4家饭店相继开业。1917年,山东省福山县人朱安东(原名朱文泰)在道外升平二道街开设新世界菜馆。1919年,厚德福饭庄在道外开业。1920年,新世界迁至靖宇十六道街新址(现位于哈尔滨市第四医院住院处)。1921年,饮食业有店铺61户,其中,饭店25户、酒馆15户、茶食南货21户。东北沦陷时期,新世界、厚德福、致美楼、太华楼、恩成园、福泰楼等55户饭店相继出现,较有名气的有15户。其中,新世界与厚德福最为著名。同时在道外形成十几条饭店街,较为著名的有:张包铺胡同、富锦街、天一街、纯化街、北三道街等。1946—1947年,道外有中餐饭店950户,其中,小食铺297户、煎饼铺390户、西餐馆4户、回族饭店77户。

道外如此繁荣的饮食业不仅丰富了哈尔滨的饮食文化,更为重要的是,间接地为道外近代建筑的产生提供了有力的支持。

(三)居住习俗

道外的民众大都来自中原地区,所以在道外有很多中原地区居住习俗的痕迹,比如中原地区的四合院随着大量的移民而在这里出现。习俗形成后并不是一成不变的,在经过了民众们适应性的改造后,新的四合院居住习俗就成为道外近代民俗事象之一。随着道外商业活动的日益增加,大量商业店铺也随之产生。道里、南岗两区的西式建筑逐渐改变了道外民众对商业建筑的认识,为了满足当时的社会需求,道外民众随之产生了楼房的居住习俗。道外近代建筑的采暖防寒措施,同样是道外新的民俗事象。在东北民居中,火炕是最常见的采暖设施。道外近代建筑中保留了不少东北传统民居中不可缺少的采暖设施,如利用火墙取暖。

(四)交通习俗

在早期的道外,马车是民众们主要的交通工具。1917 年以前,哈尔滨市货运马车多跑短途,1917 年后,由于中东铁路运费暴涨,马车长途运输兴起。由于马车运费与火车运费相差无几,且使用方便,因此许多商户雇用马车,由哈尔滨至长春、沈阳等地运送货物。1925 年,哈尔滨成立马车工会。1933 年,全市有货运马车 3 591 辆(多数在道外),是市区物资运输的主力。1934 年,伪交通部规定,每车每天最低运费为 3 元。1940 年前后,胶轮马车逐渐取代铁木轮大车,伪交通部规定,每车每天最低运费为 8 元。由于马饲料实行配给制,所以马车运输业开始不景气。

后来,一些现代交通工具开始得到了运用。1921 年,傅巨川从上海购进 10 辆汽车,开设了道外十道街至道里警察街的第一条公共汽车线。

为了满足新时期的需求,道外部分界线开始有所展宽。1931 年,滨江县制定了一次城区道路规划,付诸实施的有:取消新市街;正阳头道街至二十道街统称正阳街,街道展宽至 20 米;合新、老江堤为临江街,路面展宽至 26 米;旧江坝改称大新街;太阳街更名为保障街。

可以看出,交通习俗的改变不仅影响了道外街巷的尺度,也改变了道外的城市形态。

二、道外民俗事象的主要特点

哈尔滨是一个新兴的城市,由于铁路的建设而迅速发展成为国际化都市。近代史上的哈尔滨道外是一个多种文化融合的地区,这个地区聚居着前来修路的筑路工人,他们大都来自山东、河北等地,并且带来了当地的风俗文化。多种文化在道外融合,形成了道外新的民俗文化。这个新的民俗文化具有以下几个主要特点。

(一)北方化

由于东北地区冬季漫长而寒冷,气温浮动很大,大部分地区不能耕作,故农民有冬闲积肥的习惯。在严寒期漫长的气候条件下生产和生活的东北人民,要克服许多困难去求生存、求发展,长期以来形成了勇敢、顽强、坚毅、豪放、直爽的性格和团结、互助、协作的精神,与江南人民温和、细腻的性格形成了鲜明的对比。东北城乡的民居建筑必须具有良好的御寒功能,如农村住房大多为三间平房,墙体厚实,中间一间为堂屋兼厨房,有大灶与两边卧室的火墙和火炕相通,大门外挂厚实毡子门帘,南面窗户宽大且有双层玻璃,房顶吊天花板。道外新民俗文化在形成过程中,大量融入了东北地区原有的民俗文化。东北建筑特有的采暖防寒措施逐渐被道外近代建筑吸收并演化,进而成为道外近代建筑的亮点之一。此外,道外地区的饮食、交通、文体娱乐等也受到当地气候的影响。

(二)西方化

鸦片战争后,各国列强对东北进行军事侵略、经济侵略和文化侵略。不少外国人来东北进行经济、文化活动,那时俄国移民多达三四十万人,日本移民也有二十万人左右。曾有几十个国家的商人来哈尔滨、长春、大连等城市经商、开厂,天主教、东正教等宗教也传入东北。道里、南岗两区是由西方国家规划建设的,自然会呈现出西式的风情。道外由中国政府治理,与道里、南岗两区在地域空间上紧密相连,而且在经济文化上一直保持着密切联系,所以道里、南岗两区的西方文化逐步渗透到道外,其影响甚广,服饰、饮食、居住、交通等无不有所体现。当时有人记载了关于道外民众的服饰所受到的影响:"西服之式样及质料,冬季既不及华服之温暖,夏季更不及华服之凉爽,且于穿着时煞费时间,领巾也、纽扣也、开衫也、背心也,皆画蛇添足。"在道外,传统的民俗文化受外来文化的影响并逐渐趋于西方化,从而形成道外民俗文化的特点。

(三)传统化

清朝以前的东北北部地区,基本上是满族、蒙古族狩猎、游牧的场所,农垦较少,哈尔滨当时也只是一个以渔业为主的小村落。清初,东北为封禁之地;鸦片战争后,关内破产,农民纷纷到东北开荒谋生。到1897年,东北已全部开禁,1923—1930年移入东北的人口有600万之多,留居的有300多万。这些移民带来了中原大量的民俗文化,虽然他们竭力去保持道里、南岗两区西式的生活状态,但因他们内心的传统文化根深蒂固,所以在短时间内很难改变。道外近代建筑的四合院居住习俗就是道外民俗传统化的最好体现。尽管道外近代建筑在沿街立面上竭力仿造西式建筑,但与生活息息相关的空间自然而然地流露出传统的居住习俗。个别建筑为了特殊的目的,还刻意延续了传统建筑的特征。据史料记载,为加强同乡情谊,1915年,聚居在傅家甸的山东同乡在道外正式建立山东会馆,馆址设于太古十道街,选举傅巨川为首任会长,王惠川为佐办。山东会馆属于中国古典式建筑,沿街是青砖瓦房和古典式的大门脸,馆内建筑为中国古典式样,黄色的琉璃瓦在阳光下闪闪发光,大红柱脚挺拔庄严。山东会馆的启动资金主要靠在哈经营的山东商号,后来会馆越办越兴旺,在升平四道街拥有一座楼房,在十道街还有楼房出租,会馆仅靠出租房屋所得的租金就可以维持。除了建筑的传统化外,丰富的杂艺民俗同样是道外民俗传统化的表现。道外的北市场就是这种杂艺民俗聚集之处,五行八作、多样杂耍应有尽有,市场内昼夜喧腾,各色人等川流不息,构成一种特殊的民俗生活场景。

第二节　民俗文化与道外近代建筑的形成

一、商业活动的需求

短短几十年的时间,道外近代建筑就得到了迅速发展。那么,这又是为什么呢?很显然,民族资本的繁荣保证了道外近代建筑的大量建造。哈尔滨的近代民族工商业发端于中东铁路的修建。在此之前,哈尔滨的全部土著商业、手工业就只有一家当铺、一家香铺、一家大车店、一座烧锅作坊,即所谓的"资本主义萌芽",就是这点"萌芽"也惨遭胡匪的扼杀,致使烧锅主人被迫逃往他乡。1898年外国资本进入哈尔滨,打开了广大的商品市场和劳动力市场,民族资本趁此时机从无到有、从小到大,蓬勃发展起来。1903年,中东铁路全线通车后,借天时地利,哈尔滨很快发展成为商埠,以至于山东、河北等地的人纷纷来到哈尔滨从事各种商业活动。特别是1904—1905年日俄战争时期,俄国军队的庞大军需吸引了关内各地华商前来哈尔滨投资,致使当时的道外经济异常繁荣,民族工商业者抓住时机谋求更大的发展。据武百祥先生的自述:"哈尔滨这年(指1905年)做生意的机会,可以说是空前的,虽然不敢准说是绝后的,但也差不多。"同记的商业经营是这样,而其他民族工商业者的商号、店铺又何尝不是如此?据统计,到1905年底,道外民族工商业总数已达数百家,是1898年土著当铺、烧锅作坊所不能相提并论的。道外民族经济的迅速发展,促进了道外近代建筑的蓬勃发展。

道外商业活动对道外近代建筑的影响可以分前后两个时期。

(一)前期

这个时期的商业店铺的需求数量急剧增加,使人们不得不改变传统的经营方式来寻找适合道外的一种模式。而道里、南岗两区西式建筑商住结合的模式再次显现出了符合时代发展需求的特点,自然而然地成了道外民族工商业者争先效仿的对象。在前期,道外近代建筑中出现的商业空间都是小型的店铺,它们都处在沿街一层位置并结合居住大院布置。

(二)后期

随着商业的繁荣、民族资本的积累逐渐增多,小型商业空间已经不能满足某些民族工商业者的需求,为了满足新的商业活动所需,在道外出现了一些像同记、大罗新(图3-1)一样纯粹以商业经营为目的的建筑。这时商业空间已经不仅仅在沿街的一层位置,整个建筑本身就是商业的空间,商业经营也更加室内化。此种类型的商业空间在中国传统建筑中是没有的,它是近代道外新民俗文化的表现。

图3-1 头道街上的原大罗新商场

不论是哪种商业空间形式,都是由民族工商业者们参与创造的,反过来,民族工商业者又是民俗文化的承载者,当他们参与到建筑的建造过程中,民俗文化通过他们必然会影响到建筑,这就使道外近代建筑成为民俗文化的表现形式。可以说,商业活动的需求或者是民族资本发展的需求,是道外近代建筑发展的根本,也是建筑民俗化的根本。

二、技术材料的发展

以俄国为主的西方国家在占领了哈尔滨后大量建造西方古典建筑,使哈尔滨由小渔村变成了一个极具异国情调的城市。道里、南岗两区西方人奢华、讲究的生活与道外贫苦的生活形成了鲜明对比。为了能改善自己的生活条件,道外的市民开始学习西方文化、仿造西式器物,这些纯正的西方古典建筑自然而然地成了道外近代建筑建造者们参照的对象,建造技术同样是建造者们学习的一项重要内容。

建造技术的发展必然导致建筑形式的改变,每采用一种新的建造技术,道外近代建筑的形态就会或多或少发生变化。道外发展伊始的楼房形式如图3-2所示。

第三章 哈尔滨道外里院形态的文化影响

(a)清末时的南勋街

(b)清末时的头道街

图3-2 道外发展伊始的楼房形式①

(一)承重体系的发展

道外发展伊始,该区的建筑大量沿用了中国传统的建筑技术和材料。以俄国为主的西方国家,在道里、南岗两区建造的大量建筑多采用砖墙承重技术,这种技术的安全性能、保温性能等都好于传统木构件体系的建筑。地少人稠的现实让建筑不得不增加层数以减少占地空间,同时,承重体系的发展为西方先进技术的广泛运用扫平了道路。广大传统匠师通过参与西式建筑的施工慢慢掌握了这些先进的技术,并最终把它们运用到道外近代建筑中。除了砖墙承重体系得到应用外,钢材也被应用到了道外近代建筑中,它们大都被用在楼梯、楼板、院门等处,钢材的运用或多或少地改变了道外近代建筑的承重体系。

(二)建筑材料的发展

道外近代建筑与传统民居的不同之处在于承重体系的改变。此外,新建筑材料的运用也使道外近代建筑的风格迥异。众所周知,青砖是我国传统的建筑材料,但在道外近代建筑中,出现了红砖、抹灰等材料,这与当时受西方文化的影响和道外建材工业的发展有着密切关系。

哈尔滨最早的建筑材料业是窑业。开始时窑的数量较少,属于自产自销、独自经营的自然经济形式。中东铁路建成后,随着城市建设的发展,砖瓦窑日渐增多。清道光十三年(1833),河北省迁安县人沈祥来到哈尔滨市太平区落户。之后,沈祥的两个儿子在太平区附近(今太平桥)取土烧窑,当时人称该窑为"沈家窑",它是

---

①李述笑.哈尔滨旧影:中英日文对照[M].北京:人民美术出版社,2000:33.

哈尔滨市最早的窑。约在清咸丰末年(1861),一个名叫黄升的人,在哈尔滨市太平区安华街西端也建起一座小土窑。"沈家窑"与"黄家窑"是哈尔滨窑业的雏形。当时,"沈家窑"与"黄家窑"主要烧瓦盆,后改烧砖瓦。20世纪初,中东铁路通车后,哈尔滨成为交通枢纽。随着城市建筑业的发展,窑业也迅速发展起来。1931年,在哈尔滨市砖窑同业公会注册的砖窑有82家,年产砖3 000多万块,工人约3 000人。当时最大的砖窑东盛窑,年产量为52万块。此外,还出现了"同兴""大东""义和"3家"机器窑"。哈尔滨沦陷后,少数砖窑被日伪官办的"同业组合"吞并,绝大部分砖瓦厂相继倒闭。

水泥源自古希腊时期,是西方国家广泛使用的一种建筑材料。哈尔滨水泥产业出现在20世纪30年代。1934年,在日本关东军总部的支持下,日本人角田正乔与三井财团在哈尔滨建起了哈尔滨洋灰股份有限公司,并于1935年11月建成投产。

大量新式建筑材料的出现既保证了建筑技术的实现,还造就了道外近代建筑特别的形态。可以肯定地说,先进的建造技术和材料是道外近代建筑得以出现的保障,同时也保障了民俗文化在道外近代建筑中的展现。

三、信仰民俗的物化

建筑满足了人们物质生活的需要后,精神生活便成为人们关注的对象。道外近代建筑中西文化交融的特点,是与道外民众的生活文化和生活状态密切相关的,选择怎样的建筑样式同样体现了道外民众的世界观和价值观。道外民众既是近代建筑的使用者又是创作者。而民间匠师创造的建筑风格及选择的建筑观念,是他们对生活的体验。尽管他们生活贫苦,条件很差,但总是从实际出发,因陋就简,注重实际需要,他们建造的建筑物能真实、自然、含蓄地反映生活。

我们都知道,人不只生活在物质环境中,也生活在精神环境中。在精神生活中,民俗的信仰心理占有十分重要的地位,而信仰的物化表现则是多种多样的,有时表现为仪式行为,有时表现为艺术创造行为。前者多是普遍流行的求神拜佛习俗,属于民众的心理信仰。在道外近代建筑的建造过程中,房屋建造虽有一定形制,但没有过多的迷信活动,这一点与我国多数传统建筑的建造不同。在传统建筑建造的过程中,风水、阴阳、五行、星宿等会成为影响建筑建造的因素,而道外近代建筑的建造更多的是考虑民众的生活需求。同时,由信仰激发的艺术创造行为所创造的成果,从目前的考察中就比较容易看到。如寓意生动的灰塑、砖雕、木刻等,其题材有"莲"(连)年有"鱼"(余)、"莲"(连)"笙"(生)贵子、"金鱼"(金玉)满堂、五"蝠"(福)捧寿等,数不胜数(图3-3)。这些生动的民间艺术很多被建筑匠师和传统雕刻家们运用到道外的近代建筑中,他们巧妙地利用了汉语谐音,配合符号图画,构成了道外近代建筑上的吉祥装饰,体现了匠师的创造智慧和民众向往美好的心愿。

图3-3　寓意美好的建筑装饰

民俗文化与道外近代建筑有着密不可分的关系。民俗文化所表现出来的外在形象寄托着民众的善良愿望、美好理想;反映出民众心灵深处对祖先的崇仰,对生命的崇拜,对富贵吉祥的追求,对大自然的眷恋,对人格的颂扬;体现着民族源远流长的历史文化。民俗文化与建筑的形式美构成了建筑的装饰内容,富有极强的生命力。

四、大众的审美心理

美是人类自远古以来就努力创造和不断培育起来的,旨在使生命意义趋向永恒的文化现象。美与民俗具有天然的同构关系。作为与人类相伴的民俗,一直是人类适应自然、改造生存环境、企望生命永恒的一种存在方式。尽管许多民俗事象在社会传承中发生了诸多变化,假恶丑陋现象不断衍生,但民众在民俗活动中努力追寻的却是善与真,渴望实现的是超越生命的有限,实现生命意义的永恒。

从对艺术发展史进行研究得出结论,最早进入人类审美范围的对象往往是与其生产、生活密切相关的,随着人们审美能力的不断提高,越来越多的审美客体才进入人们的审美视野。民俗文化正是与生产、生活密切相关的一种文化,深受民俗文化影响的道外近代建筑建造者,最终将这种影响表现在建筑上,创造了生活意味很强的民俗化装饰。

道外近代建筑上的装饰体现了很强的民俗味道,尤其是在灰浆饰面的近代建筑上,民俗化的装饰更是遍布建筑全身。然而,道里、南岗的近代建筑并不是这样,这又是为什么呢?出现这种现象的原因正是道外民众价值观的体现。道里、南岗的建筑都是由专业建筑师设计的,而道外建筑的建造者的出身为民族工商业者和建造师。建筑师自然受过良好的专业教育,而道外近代建筑的建造者们自小受民俗文化的熏陶长大,两者的文化背景不同,导致了其审美的不同。

(一)大众的审美特点

感官化、生活化是大众审美的两个主要特点。道外近代建筑上的装饰形态是极其形象的,如葡萄、石榴、松树、铜钱……民众喜欢具体而形象的东西,厌恶抽象的哲学。对此,民间画匠的秘诀:"画草虫鱼蟹要写生,画得游动如生才美;蔬菜鲜果要画熟透后新摘下来的颜色才好看。"而反映在建筑装饰上,则是以原有物态直接表现,大众的趣味语言生动,具有明显的感官化特点。同时,这些感官化装饰的题材是生活中常见的事物或是身边的事象,所以大众审美的生活化不言而喻(图3-4)。

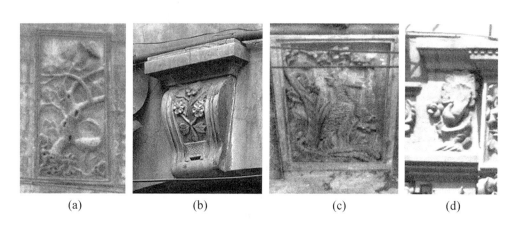

(a)　　　　　　(b)　　　　　　(c)　　　　　　(d)

图3-4　感官化、生活化的建筑装饰

(二)审美的从众心理

在分析大众审美对于建筑形成影响的时候,不能忽略审美过程中从众心理在道外近代建筑风格形成过程中起到的作用。审美的从众心理同样对道外近代建筑的普及起到了重要的作用。社会心理学指出,个体在群体中常常会不知不觉地受到群体的压力,而在知觉、判断、信仰及行为上,表现出与群体中多数人一致的现象,这就是从众现象,或曰从众行为。在道外近代建筑的建筑过程中,创造者们就要事先分析比较已有的道外近代建筑,而后取其长处用之。在这个建造活动中,由于创造者们的猎奇心理,将一些已有建筑的装饰直接或稍加改造后运用到新的建筑中。这样,建造者们的审美从众心理同样会影响道外近代建筑的风格。

第三节 民俗文化与道外近代建筑的空间

一定的思想观念在人的头脑里形成了一定的空间观念,这种空间观念便是建筑空间环境所依赖的土壤。建筑空间形态与文化之间有着不可分割的联系。建筑空间形态包含了人类的精神意志,并具体体现了人们的物质生活方式。建筑空间形态包含着丰富的记忆,是人类文明的果实,是新时代人类健康基础的反映,也是一种能饱含历史、融合现代文明的美。一切文化最终会在人的某种生活方式中得到体现,即在具体的人的层面上得到体现。

从某种意义上说,建筑是"进步着的自然科学知识建构起来的社会意识形态的文化容器",决定这个容器的形与量的因素是人类自身有意义的活动,民俗就是其中一种。民俗是普通民众的重要活动,对聚落空间形态及民居的地域性特征的形成具有不可低估的影响力。各种各样的民俗活动的开展需要一些长期固定的场所,这类"场所建筑"必然在聚落中有所体现,从而影响聚落空间结构。

一、民俗文化与街巷空间

民俗文化是一种生活文化,起源于人类社会群体的生活所需。道外的民俗文化一部分传承于旧有的民俗文化,如对院落的情结、对尺度的感受等;另一部分则是道外民众自己创造的新民俗文化,如商业的发展需求、西式的生活方式等。道外街巷空间在新旧民俗文化的共同影响下,表现出很强的生活属性。

(一) 商业空间的影响

由于失去了种植的土地,商业活动便成了道外民众维持生计的主要方式,农耕时代原有的民俗文化也逐渐被以商业为主的民俗文化代替。道外有着丰富的商业内容是其独具特色的新民俗文化所展现出来的;道外近代建筑的兴起、繁荣也正是为了满足人们的商业生活需要。人们对商业空间的需求必然影响到建筑的空间形态,以至于道外的街巷两侧尽是由小商铺组合而成。这种商业空间的出现是日积月累的结果,不带有官方色彩,也不是出于一个人或几个人之手。从道外近代建筑产生到结束的几十年中,此种与民众生活息息相关的商业店铺就一直存在,并且被不断细化、丰富。商业空间的内容和形式正是以民众生活所需为目的而产生的,是道外形成的新民俗文化影响下的结果。

(二)布局尺度的影响

道外街巷具有我国传统沿河城镇的布局和形态特点。道外街巷的总体布局,街巷宜人的尺度、丰富的空间及街巷两旁建筑上的装饰都传承自传统的建筑文化,给置身其中的人们以一种亲切、自然的精神感受,体现了道外民众对传统文化和风俗习惯的眷恋。为了适应现代交通工具的需要,一些街巷的尺度也做过适当的调整。据史料记载,1931年滨江县制定过一次城区道路规划,付诸实施的有:取消新市街;正阳头道街至二十道街统称正阳街,街道展宽至20米;合新、老江堤为临江街,路面展宽至26米;旧江坝改称大新街;太阳街更名为保障街。可以看出,一些街巷的尺度为了适应新的需求有所改变外,道外其他生活性强的街巷的布局尺度仍受传统文化的影响,这也体现了民俗文化深层结构稳固、不易改变的特点。

(三)节点空间的影响

道外街巷节点空间同样受民俗文化的影响。聚落中建筑群体、道路走向总以一个中心来展开布置,这个中心通常是民众喜闻乐见的、能寄托情感的具体形象或民俗活动场所,如以当地的历史事件、历史人物、民间传说、神话为题材的雕塑;举行各种娱乐活动、民俗活动的对歌场、戏台、庙宇、佛寺、佛塔等公共场所;有的也利用自然环境中的大青树、水池作为构图中心。道外的圈楼广场是最具特色的一个节点空间,它不仅给人们提供了活动场所,还体现了传统文化,如广场中间以中式的亭子作为标志(图3-5)。

(四)街巷名称的影响

通俗易懂是民俗化街巷名称的特点,有些街巷的名称直接体现本条街巷的商业内容,有的则反映人们对理想状态的向往。从道外街巷的名称中很容易发现受民俗文化影响的痕迹,如染房胡同、鱼市胡同、仁义巷等。诸如此类的街巷名称在道外比比皆是。

图3-5　圈楼广场空间示意图

二、民俗文化与院落空间

在道外近代建筑的院落中,我们同样可以感受到民俗文化的气息。道外近代建筑虽然是对道里、南岗近代建筑的模仿,但由于生活理念并不相同,以至于道外近代建筑在营建之初就不同于道里、南岗的近代建筑。

(一)淡化的等级制度

道外的大院虽是从中原地区的四合院发展而来的,但中原地区的四合院受礼制文化的影响,表现出明显的等级、尊卑、朝向、轴线等建筑形态,而受民俗文化影响的道外大院在这些方面则表现得不明显。在道外生活、工作的人,最多的是招募来修筑铁路的工人和躲避战乱的难民。据当时的报纸报道:"自年初至本月底,俄国在中国山东、河北等地招募华工达25万人之多。将其运往中东铁路沿线各站和哈尔滨、海参崴等地,从事繁重的体力劳动。"20世纪初,我国山东、河北、河南一带,连年灾荒兵燹,大批灾民背井离乡,逃往各地求生。此时,清朝政府对从关内流向东北的难民也从部分开禁到全部开禁,加之中东铁路全线开工,急需大量劳力,因此大批难民投奔哈尔滨谋生。1917年俄国十月革命之后,数十万俄国难民也涌入哈尔滨。可以说,难民是哈尔滨人口迅猛增长的重要因素。

这些流动人口的住所多是租赁的形式,形成不了封建社会家族式的居住模式。又因为他们都是为谋生而来,做任何事情都从实际需要出发,所以传统的礼制文化对道外近代建筑的影响不多。

(二)多变的空间形态

道外近代建筑受传统礼制文化的影响有所淡化,在空间形态上同样是多变的。

道外大院空间形态的多变体现在院内围合的空间并不一定是规矩的方形,如南十五道街的某个大院,其院内尺度巨大,以至于院中仍有建筑;也有尺度狭长犹如过道的院落空间;还有天井式的、L形的院落空间。之所以产生如此多变的空间形态,用地紧张是其最为重要的原因。

(三)浓重的生活气息

在道里、南岗近代建筑里,居住者进入大院门之后还要进入单元门才可到达自己的家,其大院内引人驻足的事项较少,人们很少会在大院内停留。道里、南岗近代建筑的大院承载的功能更多的是交通,但道外的建筑大院并非如此。道外近代建筑通过外廊很好地将室内、院落连接起来,外廊在它们之间起到了良好的过渡作用,同时也将生活的气息从室内引入院落中。由于可供关注的事项较多,居民在院落中交流的机会也颇多。由此可看出,道外近代建筑的院落承载的内容更多的是生活,这也是在道外的建筑大院中,更多的人愿意驻足的原因。同时,院落满足了漂流在外的道外人具有的"进门即家"的心理,以及渴望交流的需求。

(四)多样的大院标志

空间标志性是多数道外近代建筑院落的特征。凯文·林奇认为:"一个有效的形象,首要得是目标的可识别性,表现出与其他事物的区别,因而作为一个独立的实体而被认出。"在道外,许多大院的院门、院内,以至各家各户的入口均有明显的领域标志,这个标志物也往往代表了一个大院,其题材有传统民居中常选用的植物,有在园林中才会出现的亭台,还有西式的花坛、水池等(图3-6)。

(a)

(b)

图3-6 院落内的标志物

第四节　民俗文化与道外近代建筑的装饰

一、中西合璧的装饰

中西建筑文化交融的现象在道外近代建筑的装饰中表现得淋漓尽致。建造者们凭借自身对西方建筑文化的理解，在道外建筑中广泛运用西式建筑装饰，同时他们又不能完全放弃其固有的文化背景，所以建筑装饰的交融性源于建造者们自身文化的交融。虽然道外近代建筑的装饰具有中西合璧的特点，仍可看出装饰风格是源于西式的建筑装饰还是传统的建筑装饰。

(一)源于西式的建筑装饰

道外近代建筑是建造者模仿道里、南岗两区的西式古典建筑的结果，因此建筑中不免出现西式建筑的构件形式，如柱式、牛腿、门框、窗框、山花、女儿墙等。但由于建造者具有中式建造的背景，所以，这些来自西方古典建筑的构件被移植到道外建筑后或多或少地发生了改变。很多中式传统的装饰纹样和构件形式出现在这些西式建筑构件上，形成了中西结合的建筑装饰。道外近代建筑的建造者在仿造西式建筑时，各种各样的西式装饰纹样成了他们模仿的对象。然而，在道外近代建筑中并没有出现纯正的西方古典建筑装饰纹样，这与建造者们的世界观和文化背景有着不可分割的关联。多种类型的装饰多出现在建筑外立面上，最为常见的是由西式盾形装饰演化而来的中西合璧式纹样。院内外廊的一些挂落上的装饰，则是源于西方木构建筑中常出现的细密层叠的几何齿状装饰，也被建造者们加以"如意"等传统装饰，从而更具中国化(图3-7)。

(二)源于传统的建筑装饰

受传统文化的影响，在道外近代建筑中不难发现传统建筑的构件形式和装饰纹样。由于建筑中已经不采用木构架体系，这些构架形式已失去原有的作用而变成一种装饰，如斗拱、雀替等反映了人们对传统文化的眷恋心理。装饰纹样则多是以传统建筑的装饰为蓝本加以改进，如彩画上的枋心线。此外，民俗意味的装饰图案在道外近代建筑中很常见(图3-8)，后面将会对民俗装饰着重分析，在此不做过多赘述。

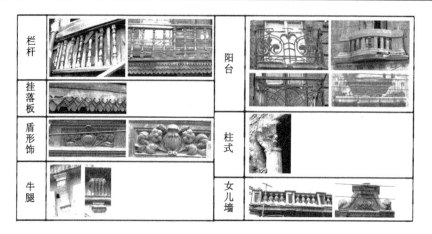

图 3-7　源于西式的建筑装饰

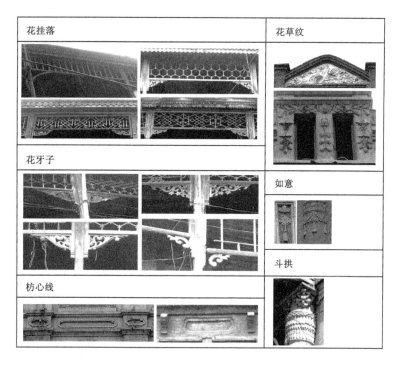

图 3-8　源于传统的建筑装饰

二、装饰纹样的主题

道外近代建筑装饰艺术中的装饰元素反映了道外民众的民俗心态和思想意识观念,这种心态和意识是人们通过长期的社会实践和在特定的心理基础上逐渐形成的文化认同,达成的文化共识,它涵盖的范围广泛,包括世界观、人生观、生死观、道德观、艺术观、宗教观、信仰观等,这是在特定时代条件下,北方地区的风土人情、生活趣味与审美观点积累的结果。在道外近代建筑的装饰上,我们可以看到被普遍运用的装饰题材内容,比如动物中的鹤、鹿、喜鹊、蝴蝶等,植物中的牡丹、莲花、石榴、松竹等。此外,还有文字意义方面的装饰,这些装饰题材的运用不仅是因为它们的形式美,更重要的是它们能够表达一定的民俗心态。

(一) 图案纹样

图案是观念的艺术表现,反映人们对生活的向往和追求,对吉祥如意的希望和期待。图案的主题形象多以写实的形式出现,通过一定的艺术手段将其组合搭配,表达出较为丰富的内涵。道外民众的文化观具有一定的原始性和传统性,有些观念根深蒂固,从图案的观念表达内容,可以将其分为以下几类。

1. 生育观

天地相交,阴阳相合,生生不息,用生殖崇拜屏开的阴阳二元论是中国文化最深层的结构之一,可以说是数千年中华民族思想的基础。"多子必多福"的文化观念在道外近代建筑的装饰中表现得较为突出,如在道外近代建筑装饰中出现的葫芦、葡萄、莲花、盘长、缠枝纹等(图3-9)。

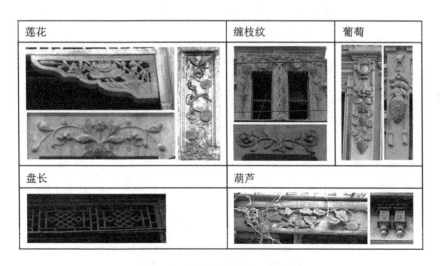

图3-9 体现生育观的建筑装饰

2. "五福""三多"观

"五福""三多"是中国传统观念中寓意吉祥的内容,在道外近代建筑的装饰中有很多图案表达此观念。"五福"之说始见于《尚书》。《尚书·洪范》曰:"五福,一曰寿、二曰富、三曰康宁、四曰攸好德、五曰考终命。""五福"具体指五种幸福,但常被用来概括人生幸福。在民间,"五福"还有另外的解释,指福、禄、寿、喜、财。此外,传统祝福中还有"三多",说的也是所谓的福善之事、嘉庆之徵。"三多"指多福、多寿、多男子,源自《庄子·天地篇》中的"华封三祝"的故事。如在道外近代建筑的装饰中出现的喜鹊、蝙蝠、蝴蝶、松竹、梅花、回纹、方胜等(图3-10)。

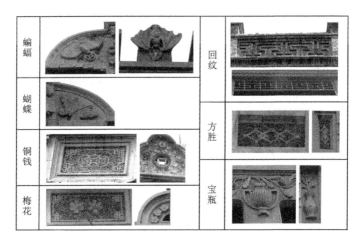

图3-10　体现"五福""三多"观的建筑装饰

3. 宗教文化

宗教文化对中国传统文化产生极其深远的影响,它凭借强大而坚韧的渗透力影响到人们物质、精神文化的许多方面,在建筑装饰上表现得相当明显,如道外近代建筑上的八卦图形、"万"字纹和宝莲花雕刻。总的来说,这种受宗教文化影响的装饰在道外建筑中并不多见(图3-11)。

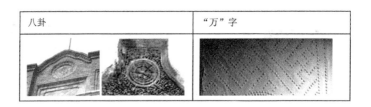

图3-11　受宗教文化影响的建筑装饰

(二)文字装饰

相对于图案纹样的观念表达,将文字直接应用在建筑装饰上更使人们易懂。在调研中,作者发现单体字运用最多的是不同版本的"寿"字,而"吉"字用得相对较少,它们大都分布在窗户、外廊和建筑的外立面上。除此之外,还有代表店铺商业内容的文字,如在靖宇街与景阳街交会处的建筑上,就有"茶"字装饰,行人一眼便知店家的经营内容。道外受到以俄国为主的西方文化的影响,所以建筑中出现了俄文装饰。另外,石匾题字也是人们用文字表达观念的装饰手法,如"天合泰""仁和永""同义福"……这些带有文字的石质匾额常常被用在道外近代建筑的大门上或者是建筑的醒目位置上(图3-12)。

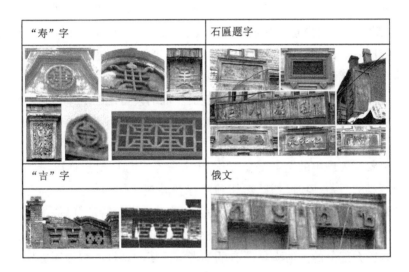

图3-12 建筑上的文字装饰

第四章 哈尔滨道外里院形态的文化特征

　　哈尔滨道外近代建筑是一个具有相当特点的文化现象,它们是由一个特殊的群体创造的,充分反映了这个群体的政治背景、文化背景和经济背景。这个由民族工商业者、传统匠师和普通百姓组成的群体,深受民俗文化的影响,是民俗文化的传承人和推广者。民俗学中,我们将道外近代建筑的这些建造者称为"俗民"。在哈尔滨这个受封建制度制约小、西方文化强势入侵的地区,建造者们没有故步自封,而是充分发挥了自己的创作才能,建造了一批别具特色的地域建筑。由于创造者们自身的民俗特性,所以,经其创造的建筑带有浓厚的民俗"味道"。显而易见,这是民俗文化影响道外近代建筑的体现。

　　民俗事象所表现出的情景千变万化,十分复杂,因此,要想指出民俗的全部特点是十分困难的。每一项民俗既然能独立存在并被代代相传,在内容上和形式上都会有其显著的特点,不然它们早就消失了。关于民俗的特征,民俗学者们的观点并不一致。钟敬文先生曾指出:"在归纳民俗特征时应该掌握涵盖性原则,即归纳的特征能涵盖大部分的民俗事象。"有的学者将民俗的特征归纳为历史性、阶级性、封建性、原始性、神秘性、实用性、地区性、传承性、融合性、变异性等。如此多的民俗特征,有的是相对于民俗本身的载体而言的,如民族性、阶级性、集体性等;有的是相对于民俗所呈现的文化面貌而言的,如原始性、封建性等;有的是相对于民俗的运动状态而言的,如变异性、融合性、传承性等。然而,民俗文化的这些特征并不全是道外近代建筑所显现出来的特征。

　　道外近代建筑与民俗文化有极深的渊源,它的外在形象寄托着民众的善良愿望、美好理想;反映出民众心灵深处对祖先的崇仰,对生命的崇拜,对富贵吉祥的追求,对大自然的眷恋,对人格的颂扬;体现着民族源远流长的审美趣味。道外的民俗文化与建筑的形式美构成了建筑新的审美内容,富有极强的生命力和群众基础。

　　道外近代建筑不是由建筑师设计,而是民众用集体智慧,通过民间匠师的施工而实现的,在建造和流传过程中一直有民众的参与,因此它的传播过程就是创造过程,民众既是使用者又是创作者。影响和决定着民间匠师的创造及选择的观念是他们对生活的整体体验,尽管他们身处穷乡僻壤,物质条件极差的地方,但他们总是注重实际需要,真实、自然、含蓄地反映生活,由此形成了道外近代建筑明显的民俗文化特征:集体性、类型性、传播性、变异性和生活性。民俗的社会性、集体性、类型性、变异性、传承性、扩布性等是一个整体,研究时要注意它们之间的联系。集体性是道外近代建筑产生、传播的方式;类型性是道外近代建筑存在形式的特征;传播性、变异性是道外近代建筑运动发展中的表现;生活性是道外近代建筑散发出来的独特魅力。接下来,本章将对道外近代建筑以上的民俗特征逐一展开分析。

第一节 道外近代建筑的集体性

中国近代史时期,各大城市大都在外来文化的影响下形成了自己特有的建筑形式,像上海的石库门、武汉的里分等,它们和哈尔滨道外的近代建筑一样,都是在这个时期产生的,由广大民众共同创造、共同传承的,具有广泛的群众基础。由于各地的自然条件和文化背景不一样,所形成的形式风格也不尽相同。

在哈尔滨近代史时期,西方文化强势进入了哈尔滨,清政府忙于"攘内安外"的大小事宜,无力管辖这个偏远的地区,这就使哈尔滨地区受封建统治阶级的约束较小,同时给普通的民众提供了一个宽松的创造空间。西方建筑文化的先进性令人耳目一新。为了更好地与西方社会生活接轨,道外的传统匠师和民族工商业者们主动学习西方文化,并结合了传统建筑文化,创造了道外近代建筑。道外近代建筑在本质上符合老百姓的需求,很容易得到了民众的认同并得到迅速发展。准确地说,道外近代建筑是由民族工商业者和匠师组成的小集体来完成的,因为这些人出身底层,了解民众所需,这也是他们创造的建筑得到认可并被世代传承的原因。

道外近代建筑在产生和传承中体现的特征,正是民俗文化所表现出来的集体性。民俗的集体性特征,首先是指民俗事象的产生,是集体创造的结果;或者是由个人创造,经集体的响应、丰富发展而来。只有个体的创造和倡议,而没有集体的响应,是形成不了社会民俗的。其次,集体性是指民俗的传承依靠集体的行为来完成。集体的创造和传承,是民俗在流传上的突出特点。道外近代建筑之所以会得到广大民众的认可并被传承下来,主要是因为它符合当时社会人们普遍传承的风尚和喜好。可以说,道外近代建筑在道外已经形成了固定的风俗习惯,是集体的行为。

一、集体认知

认知是指人们获得知识、应用知识或信息加工的过程,是人最基本的心理过程,包括感觉、知觉、记忆、想象、思维和语言等。人脑接受外界输入的信息,经过头脑的加工处理,转换成内在的心理活动,进而支配人的行为,这个过程就是信息加工的过程,也就是认知过程。认知活动的作用是使人们能更加深刻地认识自然、社会、历史和文化等,也正是有了充分的认知,才会出现符合历史潮流、地域文化的创造。众所周知,我们在解决问题之前首先要认知问题的存在。换句话说,道外民众在如何解决生活条件低下的问题上,首先意识到了道里、南岗民众生活的富足和西方建筑技术方面的先进性,从而产生了学习西方建筑的风潮。

在这里,道外的集体认知主要指的是道外民众对来自道里、南岗的西方建筑文化的认知。由于认知主体文化程度的局限性,进而影响了认知主体对客体的认知深度,而且这种影响必然会在道外近代建筑中表现出来。当然,除了建筑文化的认知外,还包括对生活、娱乐等诸多方面的认知,在此我们就不做讨论了。

道外民众对西方建筑文化的认知主要体现在两个方面:一方面是对西方建造技术的认知,另一方面是对西方建筑美学的认知。两个方面的认知都是通过传统匠师参与西方建筑建造所获得的。匠师们将这些经验技能运用到道外的建设中,进而造就了道外的近代建筑(图4-1)。

(a)　　　　　　　　　　　(b)

图4-1　道外的近代建筑

二、集体创造

道外近代建筑的设计、建造是没有专业建筑师参与其中的,它是集体智慧的结晶,是一种集体创造的形式。这里所说的集体创造,不是说全体道外民众都参与到建筑的设计与建造之中,而是由业主(通常是民族工商业者)、建筑匠师、民间画家、雕塑家等一些人组成的小集体创造出来的。业主和建筑匠师通过比较已有的道外近代建筑样式或者是道里、南岗的西方建筑,分析其特点和可取之处,然后结合实际情况和要求,最终敲定建筑的大致样式,民间画家、雕塑家再逐步参与到设计和建造过程中。在建筑施工过程中,建筑匠师还会根据业主的要求不断更改建筑方案。

由于商人身份的原因,业主们建造道外近代建筑的目的是利用它们取得商业利益,这就使他们在设计方案之时不得不考虑民众的需求,也可以说,民众间接参与了创造的过程。哈尔滨民族实业家武百祥曾在《五十年自述》中这样描述同记商场建造时的情形:"我是成天的不离建筑场,督工建造,房图是一层卖货,四边均有游廊以便储货。待大架竖起时,同人愿意游廊上卖货,以取其市场式。我向来是好取人意见的,这次既然多数同事们改变计划,我也不能执拗,于是就改变修造。"从这段描述中可以看出,广大民众并未参与建造的设计,实际上是通过业主和匠师创造了道外近代建筑,这样的建筑自然而然会得到广大民众的认可,集体创造的特征在此充分体现出来。

(一)集体无意识创造

在道外近代建筑中,我们不难发现传统建筑的痕迹,曲折多变的街巷空间、四合院式的庭院空间、寒冷地区的室内布局、民俗化的装饰及作为灰空间的外廊是近代建筑的重要组成部分,这些都是传统建筑文化的表现。为什么建造者仿造西式古典建筑却又呈现出如此现象呢?应该是建造者们无意识创作的结果。集体无意识的概念是相对于个体无意识而言的。集体无意识是人格结构最底层的无意识,包括祖先在内的世世代代的活动方式和经验储存在人脑中的遗传痕迹,是人类的一个思维定式。按荣格的说法,它产生于史前时代,某个民族长期共同的社会经验在人脑的进化过程中积淀下来,成为意识的深层结构。集体无意识的内容主要是"原型",原型只有通过后天的途径才有可能被意识所知。传统文化影响了中国人几千年,在人们的内心已经根深蒂固,而人们对传统的建筑文化的影响已经毫无意识,所以,建造道外近代建筑的过程中,传统的建筑文化也无意识地表现在创造过程中,最终导致了道外近代建筑的风格延续了传统的建筑文化和先人的生活方式。总的看来,道外近代建筑是创造集体在传统文化影响下无意识创造的结果,也是文化深层结构不易改变的表现(图4-2)。

图4-2 中国人的院落情结

(二)集体有意识创造

集体有意识是从集体无意识的概念发展而来的,是集体有目的、有计划的思维活动,代表了芸芸众生的价值取向。集体有意识创造就是有目的、有计划的集体创造活动。在道外,近代建筑体现了中西建筑文化的交融。建造者们是受传统文化影响的"俗人",传统文化对他们来说再熟悉不过,但强势进入的西方文化对于他们来说是新鲜的,学习西方建筑文化的过程也是有意识的。在有意识学习西方建筑文化后和建造道外近代建筑的过程中,西方建筑文化又会被建造者们有意识地表现出来。道外近代建筑中砖木结构的选用、立面构图的方式和一些细部装饰,都是建造者学习西方建筑文化后有意识创造的体现。民族实业家武百祥在建造同记、大罗新商场时,利于商业经营的室内空间就是武百祥与同人们集体有意识创造的结果。除此之外,道外近代建筑中民俗化装饰的大量运用,也是集体有意识创造的结果。封建社会中建筑等级制度被取消后,再加上商业活动的繁荣,大量寄托了美好生活的民俗化装饰出现在道外近代建筑上,这是道外的民众为了能摆脱贫苦过上安逸、舒适生活的体现,也是一种有意识的创造行为,同时是物态化文化层易被改变的表现。

三、集体传播

自哈尔滨步入近代史时期,道外近代建筑就一直存在,这种长时间的存在证明了道外近代建筑的产生不是一次性的即兴活动,也不是暂时性的风尚,它们是由多代人传承下来的,其传播的方式是集体的、社会的。集体传播的方式同样是民俗文化在传播上的显著特征,民俗一旦形成,就会成为集体的行为习惯,并且广泛流动。这种流动不是机械的复制,而是在传承过程中不断加入新的元素。此部分所论述的集体传播主要是从传播的方式来分析探讨,强调的是传播的集体性,而关于道外近代建筑传播性的研究将会另做分析。

集体传播在道外近代建筑的发展过程中有很明显的体现。道外近代建筑在得到了广大民众的认可之后开始迅速"繁殖",成为人们生活居住和从事商业活动的场所,生活、工作在其中的人们,不知不觉地接受了其耳濡目染式的影响。在建造新建筑时,这种影响又会无意识地表现出来,在道外近代建筑的空间布局上体现得尤为明显。道外近代建筑与民俗文化一样,不会机械地复制。道外近代建筑在传播过程中,经过了集体的不断补充、加工、充实和完善。也就是说,在漫长的历史发展过程中,建筑变得越来越丰满,这正是传播过程中集体再加工的结果。综上所述,我们可以看出,道外近代建筑自起初产生到完善发展,都是由道外民众集体完成的,其集体性自然是不言而喻的。

第二节 道外近代建筑的类型性

类型是一个民族在特定的生产和生活环境中所积淀的文化因素的综合性特征。民俗的类型性,又称模式性,是指民俗文化的表现形式,是一种民众共同遵守的标准。这种标准既是一种定型化的思维习惯,也是一种约定俗成的行为方式,与上层文化的个性化、独创性有所不同。民俗一旦形成,大都具有相对的稳定性,并在稳定的发展中,又形成了一定的模式,之后,就按照这一模式代代相传。类型具有两个方面的含义,一是它的具体形态,二是它在行为学上的意义。在类型的传承中,行为活动在短时间内变化较少,甚至是不变的;而类型的具体形态则随着物质和材料的变化而产生很大的不同。

一、道外近代建筑的类型

道外近代建筑既不同于道里、南岗的建筑形式,也不同于北方传统的四合院建筑。道外近代建筑产生在一个特殊的历史时代,体现的是寒冷地区的生活模式,满足了人们对建筑的心理需求和物质需求。而道外近代建筑成了哈尔滨道外特有的标志后,一代一代地被传承下去。

道外近代建筑的类型根据划分标准的不同可以有很多种,按照道外近代建筑外立面风格可分为清水砖墙建筑和灰浆饰面建筑;按照实用功能可分为商业建筑、居住建筑和商住混合建筑;按照平面布局可分为单排、双排、转角、天井、四合、多进的建筑;按照建筑所处位置又可分为有临街界面的建筑和无临街界面的建筑。如果深入研究道外近代建筑,它还可以划分为很多类型。不同于中国传统民居的木构架体系,道外近代建筑是多层砖木结构,承重体系已不完全依赖木构架。不同于道里、南岗的近代建筑,道外近代建筑带有过渡室内外空间的外廊;在空间布局上,它是合院的、前店后宅(厂)式的建筑;在建筑装饰上,道外近代建筑又是随意的、世俗的。

道外近代建筑在发展过程中,其形态也不尽相同,但作为一种文化事象,仍具有一定的类型性。那么,道外近代建筑的类型特点是什么呢?经过分析认为,道外近代建筑的类型特点是:由多层砖木结构建筑围合而成,沿街一层多被用作商业空间,并且具有西式建筑立面构图的外廊式大院(图4-3)。

图4-3　道外近代建筑的外在形态

二、影响类型的行为

建筑类型是如何产生的呢?我们可以认为,行为方式的典型化和社会化产生了某些固定的类型。比如,我们喜欢登高望远,于是产生了塔;我们喜欢在聚居的时候保持和自然亲密接触,于是产生了园林和庭院;而学校的类型,产生于"一棵大树下一群人的相聚"。由此可以看出,类型首先来自特定人群对于功能的共同理解,一种类型的成熟反映着某种稳定的行为模式,是某种特定行为社会化、普遍化的结果。特定时期的类型反映着特定时期的生活方式,同时类型的稳定也体现出了社会生活的稳定。

那么,哪些典型化、社会化的行为方式与道外近代建筑的类型是相辅相成的呢?

(一)商业行为

失去了土地的市民为了维持生计,不得不选择商业活动作为其谋生的手段,由此各式各样的商业活动随之产生。由于这些商业活动关系到道外市民的基本生活,所以自它们产生之时就被不断地充实、完善,这也是广大市民直接或者间接参与商业的行为。

(二)社交行为

来哈尔滨谋生的大部分移民或者是单身或者是小家庭成员,在这里形成不了传统大家庭的生活模式。他们常常会因为乡情、职业等而选择聚集而住,目的就是能够增加彼此之间的社交活动、满足人们交流的渴望,以此替代传统的家庭活动。

第三节 道外近代建筑的传播性

建筑之所以具有传播能力,在于它本身就是人类的一种文化,这种文化包括上层精英文化与下层民俗文化。民俗的传播性包括在时间上的传承性和在空间上的扩布性两个方面,这是民俗文化的一个特征。研究这一特征,可以帮助我们更好地把握现今仍在流行的民俗与传统民俗的渊源关系;同时也可以把握某一民俗在空间上的传播规律和各个民族民俗之间的相互交流和影响。道外近代建筑的产生不是道外建造者凭空想象出来的,是建造者通过比较研究哈尔滨的西方建筑和已建成的道外近代建筑,经过择优劣汰后建造出来的。在这个创造过程中,传统文化与西方文化都对建造者产生了影响,这种影响就是文化在时空上传播的结果。

一、传承性

道外近代建筑作为一个实在的物质空间虽然不是很大,但建造者们却充分利用了这个有限的空间,储存和传承着民俗文化更多的内容。民俗在其存在和发展中,随时代、环境而变化是它显著的特征。我们不能不承认,民俗又是一个以传统方式出现的、大规模的时空文化的连续体。也就是说,民俗是一种历时持久的、由社会所传递的文化形式。这里所谓的传递,是针对民俗的传承性而言的。实际上传承只是民俗得以延续的一种手段,它在民俗的形成和发展中,起着承上启下的作用。民俗的传承,总是受一定地域的、民族的、社会的人们的共同心理因素所支配。这种独特的心理,决定人们对祖先遗留下来的东西不会轻易放弃,相反的,要千方百计地将它们一代一代传承下去。

哈尔滨道外的近代建筑虽然存在的时间不长,但历经了几代道外人的创造、发展。道外近代建筑产生的时期,正是中国传统文化遭受西方外来文化冲击的时期,所以,道外近代建筑的传承性应该体现为两个方面:一是建造者们对传统文化的传承;二是道外民众后期对道外近代建筑类型的传承。

(一)传统文化的传承

当我们端详道外近代建筑时,会强烈感受到其传统文化的气息。之所以会这样,那是因为在道外近代建筑创造之前,民族工商业者、匠师乃至普通民众都是深受中国传统文化影响的一代人,根深蒂固的传统文化观念不可能被忘记,他们创造的东西会带有浓厚的传统建筑文化的色彩。这些传承具体到道外近代建筑中表现为:传统街巷的空间布局、传统合院的空间形态、过渡空间、装饰手法和建筑材料等方面的传承。

哈尔滨作为一个沿河发展起来的城市,具有我国传统沿河城镇的城市布局特点:城市主要道路(靖宇街)与河道(松花江)走向平行,次要道路(景阳街、头道街……)与主要道路垂直。此外,道外近代建筑中同样体现着传统大院精神,就拿道外胡家大院与北京传统四合院的院落相比,内向型的院落空间是二者共同的特点,这是道外近代建筑继承传统建筑文化的体现(图4-4);道外近代建筑中的外廊是传统建筑中过渡空间传承的体现,同传统建筑的外廊一样,道外近代建筑中的外廊连接着室内外空间,起到了过渡的作用。但相较于传统建筑中的外廊,道外近代建筑中的外廊具有更加突出的交通作用;除上述方面外,灰塑、砖雕等传统的装饰手法和青砖材料都可以在道外近代建筑中见到,这些也都是道外近代建筑传承中国传统建筑文化的有力体现(图4-5、图4-6)。

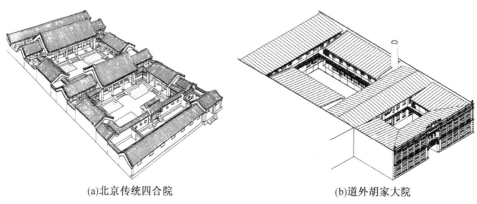

(a)北京传统四合院　　　　　(b)道外胡家大院

图4-4　北京传统四合院与道外胡家大院的院落空间形态比较[①]

[①] 荆其敏,张丽安.中外传统民居[M].天津:百花文艺出版社,2004:42.

图 4-5　具有交通功能的外廊

图 4-6　道外近代建筑的屋架结构形式

(二) 道外类型的传承

道外类型的传承指的是民众对道外近代建筑的传承。道外民众在创造了道外近代建筑后,这些建筑自然而然就成了一个新的文化事象。后来的人受到这种文化事象的熏陶,总是模仿社会生活的每一个细节。这种熏陶和影响产生的心理力量不可抗拒,这也是后期的道外民众在建造近代建筑时继承了前人建造模式的一个原因(图 4-7)。最为直观的就是道外民众对建筑空间形态的传承,这种空间形态的传承从侧面反映了民众生活行为的稳定性。至于创造道外近代建筑文化事象的一代人,又往往自觉、主动、积极地通过各种方式使这种文化事象一代一代延续下去。经过长时期的完善,道外近代建筑才会以今天的面貌展示出来。

图 4-7　两栋相邻的建筑具有相似的装饰

二、扩布性

扩布性,也称播布性,是指民俗文化在空间平面上的伸展。传承是自上而下的,从古至今的;而扩布则是向四面八方流动。纵向的传承与横向的扩布相结合,使民俗文化占有广大的时间和空间,形成民俗文化的互相碰撞与吸收、融合与发展。民俗文化的横向扩布包含着对异族民俗文化价值取向的判断、吸收、消化和加工。这里所说的加工,包括从形态、含义到功能的融合吸收。这样的加工才能使被接纳的民俗文化变成本民族、本地区民俗文化的有机部分。从民俗文化的扩布方式来看,扩布主要有正常的扩布和非正常的扩布两种。正常的扩布是在和平的环境中自然进行的,是各民族、各地区之间民俗文化的相互交流和影响;非正常的扩布往往是在特殊情况下发生的,如战争、荒灾等突发事件造成大规模迁徙,迫使一部分人迁徙到另一个地区,随之将民俗文化一起转移过去。中东铁路的建设,使哈尔滨成了西方国家,尤其是俄国人和大量来自河北、河南、山东等地参加建设的民工的聚居地。他们迁徙到这里定居,并且带来了他们当地的民俗文化,这应该属于非正常的扩布方式。在道外,中国的传统文化与西方文化发生了碰撞。当然,这种碰撞不仅仅体现在建筑文化层面上,在生活、娱乐、交通、教育等都是不可避免的。道外的民众经过对道里、南岗西方建筑文化的判断、吸收、消化和加工后,形成了对西方建筑文化的认知,这种认知在建造道外近代建筑时就被有意识地运用到建筑中。

我们经常看到这样的现象,一种新的民俗在一个民族、一个地区形成,在经历了一段时间的完善之后,它的功能和价值才被充分显现出来。它不仅为该民族、该地区的民众所接受,成为传统文化的延续和发展,而且开始向其他民族和地区渗透。在中西两种建筑文化发生碰撞的时候,西方建筑文化在一些方面显现出优越性和科学性,道外的民众在看到西方建筑文化的先进性后,并没有故步自封,而是主动接受、学习西方建筑文化优秀的一面,并将其表现在道外近代建筑中。所以,道外近代建筑的产生主要是西方建筑文化扩布的结果。由于西方建筑符合民众的需求,很容易成为民众所钟爱的建筑类型,因此得到了道外民众的集体传承(图4-8)。

文化的扩布多是双向的,道里、南岗的近代建筑也存在受道外近代建筑影响的痕迹。在道里的一些居住大院里出现了少量的外廊和民俗化的装饰,这可能是因为道里、道外之间紧密的经济文化交流所产生的文化渗透,而民族工商业者和传统匠师正是这种扩布现象的重要载体(图4-9)。

图 4-8 受西方文化影响下的道外近代建筑

(a)

(b)

图 4-9 道外近代建筑文化的扩布现象

三、传播方式

道外近代建筑是一个具有明显民俗特点的文化事象,它不仅是文化的载体,同时还起着文化传播的作用,是文化传播的媒介。那么,道外近代建筑究竟是以什么方式传播的呢?我们知道,道外近代建筑的建造者是来自底层的"俗民",创作主体的民俗特质决定了道外近代建筑民俗化的传播方式,即口头传播、视觉传播。

(一)口头传播

在民俗学中,口头传播指的是民俗事象以语言为媒介,以此达到其传播目标的一种方式。民俗文化对道外民众的影响颇深,因此,口头传播在道外近代建筑文化传播的过程中被运用。道外近代建筑的建造过程中,利用口头传播的内容不在少数,如关于建舍禁忌、庭院禁忌、室内禁忌。西式建造技术的内容多是由匠师通过口头形式传播给下一代匠师或者同代匠师。曾一智先生在其文章《品味道外》中就曾提到,道外京剧院的建造就曾受到择日禁忌的影响,相信像这样的事例在道外近代建筑的建造中并不鲜见。

(二)视觉传播

据统计,人类通过各种感官获取到的信息中,有80%是靠眼睛获得的。在民俗领域中,通过视觉传播的民俗图像、标记和多种象征在总量上远远超过口头传播。视觉传播是非常直观的,是可以亲身感受的,正如民间俗语所说"百闻不如一见",视觉传播具有口头传播无法达到的效果。道外近代建筑具有丰富的外在形态,三段式的立面构图、民俗化的装饰、围合的空间形态……都是视觉传播的对象。除了道外的近代建筑外,道里、南岗的欧式古典建筑也是"俗民"的视觉传播对象。视觉传播是西式古典建筑影响道外近代建筑建造的主要途径。

第四节　道外近代建筑的变异性

随着西方建筑文化的强势进入,钢铁、水泥、建筑五金、自来水、电灯等也大量在道外近代建筑中被运用,使道外居民的居住习俗发生重大变化。民俗的变异,是指民俗事象在其传播和延续的过程中,或多或少要发生一些不同于原有民俗事象的变化现象。变异性是民俗的一个重要的特征,也是民俗发展的一种运动规律。正如道外近代建筑文化的传承和扩布一样,民俗文化的变异也是这种社会生活文化事象运动的一种体现,只不过这种传承和扩布体现的是运动的时间与空间方面的特征,而文化的变异反映的则是这种社会文化事象在内容、内涵及性质方面的运动特点。

文化产生的本源有四个:物质生产、人类自身的生产、地理环境、社会环境。其中,任何一方面发生变化就会使文化事象有所改变。在近代道外,无论是"闯关东"的外地人和哈尔滨的本地人,其人类自身生产都没有什么变化,故在此不做讨论。但物质生产、地理环境和社会环境发生了较大的改变,这些变化是道外近代建筑变异性的根源所在。

一、物质生产的变异

从古至今,人类一直面临要活下去这样一个极其简单而又异常沉重的问题。为此,人类不得不在特定的地理环境下,在顺应自然和征服自然中夜以继日地艰苦劳作,在创造衣食住行必不可少的物质资料中,逐步形成与之相适应的一系列生活方式和生活行为,进而影响了建筑的形成和形态。这一点我们可以从穴居时代到当今社会人类居住环境的改变中看到。

在道外,除了少部分本地人外,绝大多数是来自山东、河北等地区的移民,他们在家乡大都是从事农业生产活动或者与农业相关的生产活动。为了躲避战火等原因,他们来到了哈尔滨,定居在道外。为了生存,他们不得不选择修筑铁路、建造房屋、经营生意等工作,农业生产已经不再是他们大多数人从事的工作了,他们谋生的方式已经转移到了商业、手工业上面。可以说,他们已经变成了非农性质的城市居民。但是,商业、手工业的生产、生活方式大大不同于农业,生产、生活方式的改变也使建筑产生了本质变化。商业空间、居住空间和生产空间相结合是道外近代建筑的显著特征。大多数道外近代建筑采取的是将沿街一层作为商业空间,后院作为辅助商业的生产空间、居住空间或生产居住共存的空间。物质生产的变化改变了道外居民的生产、生活方式,而生产、生活方式的变化改变了建筑的形态,道外近代建筑的形态就是物质生产变化的结果。

二、地理环境的变异

俗话说:"十里不同风,百里不同俗。"因此,地理环境因素在民俗的形成过程中同样起到非常重要的作用,而不同的地理环境能够导致不同民俗事象的产生。就像在炎热、潮湿的云南,主要考虑的是建筑如何遮阳、通风;而在寒冷的东北三省,则要考虑建筑如何保暖和取得更长时间的日照。

民俗之所以能够发生变异,主要在于民俗存在与延续的环境发生了较大的变化。一种民俗事象所处的环境主要分为地理环境与社会环境两个方面,其中任何一个方面发生变化都会引发民俗的变异。民俗的这种变异特性也是其适应外部环境、自我生存的手段之一。同理,道外近代建筑作为一个物质文化事象,在环境发生改变的时候同样会发生变异。哈尔滨道外近代建筑的产生是多种文化共同作用的结果,其中有俄罗斯带来的西方文化、哈尔滨当地的东北文化,以及来自河北、河南、山东等地的人们带来的中原文化。西方文化和中原文化随着人们的迁徙来到哈尔滨后,都经过了地理环境的变化。地理环境的改变使它们为了适应变化不得不与哈尔滨当地的文化结合,从而产生了哈尔滨道外独特的民俗文化,也造就了道外近代建筑独特的建筑形态。

不过,我们同样应该看到,地理环境的多样性并不是地理环境的多变性,一个地区的地理环境难以在较短的时间内呈现出较大差异。所以,地理环境具有相对固定性,适应特定地理环境的民俗事象才具有长期的稳定性特点。如果某个地区形成了自己的建筑文化,即使经历很长一段时间的发展产生了变化,但从整个历史来看仍然是相对稳定的,这是民俗事象类型化的原因之一,也是中国传统建筑突出的特点。虽然哈尔滨道外的建筑形式在形成后的几十年内随着社会环境的变化有所改变,但道外大院的街巷形态、院落布局、空间构成等还是一脉相承的。哈尔滨地区在短短的几十年内,其地理环境不会有太大的变化,这也给适应了哈尔滨地区的民俗事象提供了长期稳定的存在条件。

三、社会环境的变化

所谓社会环境,指的是民众群体生活所面临的各种社会经济形态、政治制度和文明程度等。如果说物质生产和人类自身的生产是民俗事象赖以生存的必要条件,地理因素是一种外在的可能条件,那么,社会环境不仅是民俗赖以产生的另一种外在条件,有时甚至能够成为一种主观因素。相对上层文化而言,民俗文化属于基层文化,它更易受社会环境的影响。社会环境的波动,会令民俗文化有所改变。

从1898年到1949年的几十年里,哈尔滨地区发生了三次重大的社会环境的变化,它们都在不同程度上影响了道外的近代建筑。这三次重大的社会环境变化包括哈尔滨开埠、两次战争和哈尔滨沦陷。三次社会环境的变化,为道外近代建筑的变化提供了不可缺少的外在条件,也使哈尔滨道外近代建筑的形式更加丰富多彩。

(一)哈尔滨开埠

俄国借以中东铁路的建设为由占领哈尔滨,从此哈尔滨开始走向近代社会的发展道路。此时的道外建筑还属于起步阶段,众多从中原地区赶到东北修筑铁路的民工们都聚居于此,经过他们的一番建设之后,道外出现了一批以青砖为建筑材料的大院建筑(图4-10)。

图 4-10　道外早期的青砖建筑

早些时期建造道外近代建筑时,传统匠师们延续了很多传统的建造方式和手法。建筑的墙体材料采用的是中国传统的建筑材料——青砖,由于青砖颜色较深,这个时期的建筑看起来非常纯朴厚重,所以此时的道外近代建筑具有鲜明的传统特点。建筑外立面装饰的手法多为传统的砖雕,或利用青砖拼成各种各样的凹凸线脚、花纹、文字等,只有在山花、檐下的重点部位才会有精雕细刻的装饰图案,而这些装饰图案又多会被粉刷成白色以显示其重要性。装饰图案的内容体现了中国传统文化,如"岁寒三友""喜鹊登枝""连中三元"等中国民俗图案,经常会出现在此时的建筑上。总体看来,这个时期的建筑装饰在整栋建筑中所占的比重并不是很大,很可能是因为受经济条件的制约,以及匠师们尚未全面掌握西方建筑的建造技术和装饰手法。

(二)两次战争

一次是日俄战争,爆发于 1904 年前后,这次战争使哈尔滨成为俄军后方的物资集散地,民族工商业主者们也趁此机会大发了一笔战争财。据记载,当时哈尔滨的大小商铺都堆满了发往前线的物资。日俄战争使道外的民族工商业逐步发展起来,民族工商业者为了炫耀财富和追求新奇,开始大量建造新时期的建筑,道外的建设也进入了一个鼎盛时期。"此时哈尔滨市面的发展,是一日千里,各商家的竞争也愈演愈烈,此家修楼,彼家结屋,拼命地竞进。"另一次战争是 1914—1918 年的第一次世界大战,西方各国全力投入到战争中,无暇顾及哈尔滨,而且征召了许多拥有产业的侨民入伍。这次大战使道外的民族工商业者既失去了西方国家对其的限制,又可以廉价得到侨民留下的产业,从而使道外民族工商业快速发展起来,进而带动了建筑市场的繁荣。

中国传统的匠师们在通过观察南岗、道里两区的西方古典建筑和参加建造实践后,掌握了许多西方古典建筑的建造技术和装饰做法,随后把它们运用到道外近代建筑上来,建造出了一批装饰复杂的灰浆饰面建筑(图4-11),建筑层数也有增加。这些建筑的主要特征是,在外立面上常将各种复杂的装饰图案表现在建筑的各个部位。在女儿墙的窗上、窗下、窗间墙上,在柱头、柱身、柱础上,在檐口下的牛腿上和牛腿之间的墙面等部位,各种用抹灰做出的复杂精美的浮雕式装饰图案充斥其中,建筑通体上下充满了中西合璧式的装饰图案,它们不一定有很高的艺术水平,但体现了匠师们高超的技艺。这些装饰图案虽然仍以自然界的动植物为主题,但此时的装饰图案比青砖时期更加复杂、多样化。此外,体现商业性质的装饰在道外近代建筑中比比皆是,使人们一眼便知其店铺的商业内容。这些浮夸的装饰不仅满足了民族工商业者追求新奇、展示财富的趣味心理,也为商铺带来了一定的广告效应。

图4-11　灰浆饰面的近代建筑

(三)哈尔滨沦陷

1932年,日本侵略者占领哈尔滨后,为了使哈尔滨成为其侵略中国的后方保障,开始逐步打压民族工商业。道外近代建筑的建造随着民族经济的萧条一落千丈,同时,现代派风格建筑也随着日本移民来到哈尔滨。多方面原因共同促使道外近代建筑开始走向第三个时期。

建造技术高、装饰性不强的现代派建筑由于其建造费用低,开始得到了民族工商业者的青睐。经济的不景气和新建筑风格的到来两方面的因素,使得道外近代建筑在造型、装修和外立面装饰上由烦琐趋向简化。建筑外墙开始直接采用红砖,沿街外墙体较少抹灰或没有抹灰。建筑技术的提高也使部分建筑或建筑局部达到了四层。此时还出现了一些单元式的建筑形式(图4-12)。同时,为了避免战争带来的伤害,一些道外近代建筑开始出现了地下室(图4-13)。

图4-12　少量的单元式道外建筑

图4-13　带有地下室的道外建筑

四、变异的方式

文化的变异通常是与文化的传播紧密联系在一起的,同样,民俗的变异与民俗的传播也有着密切的联系。民俗传播包括民俗传承和民俗扩布。民俗的变异主要有空间横向扩布性变异和时间纵向传承性变异两种方式。也就是说,时间和空间的任何变化都能引起民俗的内容发生较大的变化。这两种方式和前一节所讨论的传播性是相辅相成、不可分割的,即民俗事象在传承时会发生时间纵向的变异,民俗事象在扩布时会发生空间横向的变异。

道外近代建筑的空间横向扩布性变异主要指的是道里、南岗两区的欧式建筑在向道外传播过程中发生的变异;时间纵向传承性变异指的是道外近代建筑在自身发展的几十年中所发生的变异。通过对民俗变异的分类研究,我们可以得出这样一个结论:道外近代建筑的变异性并不只发生空间横向扩布性变异或者时间纵向传承性变异,而应该是空间横向扩布性变异和时间纵向传承性变异相交叉的变异。道外建筑在时空交叉性变异中,不仅带有多种文化相互融合的特点,而且经过了多代人的改进和完善,才形成了今天道外近代建筑复杂和迷人的景象。

第五节　道外近代建筑的生活性

　　狭义的文化,指的是上层意识形态以及与之相应的典章制度和组织结构等。这种文化从其存在的状态来看,总是与社会生活保持着一定的距离,因此,才产生了文学界经常所说的"源于生活而高于生活"这句经典的话。但是民俗则不然,民俗自身即生活,是人类生活的模式和规范,是生活的一种模式性形式。尤其是那些已经完全生活化了的民俗,其生活色彩的浓厚程度已经使生活在其中的人们完全丧失或淡化了对这一民俗事象的认识,如在生活中必不可少的筷子就是一种民俗事象。因此,从一个侧面来看,民俗是文化;而从另一个侧面来看,民俗又是生活。在民俗文化的熏陶下成长起来的道外民众,喜闻乐见的事物必然是与生活息息相关的。

　　建筑作为生活空间化的物质存在,"是人与自然、人与社会之间,人控中介性生活环境"。建筑成为人类追求生活品质极其重要的内容。从遮风避雨的原始需求到"诗意栖居"的精神家园,建筑在实现人类生活梦想的同时,也完成了自身的进化。道外近代建筑作为生活空间化的物质存在,自其诞生以来,是在愿望与现实的运动中实现它的进化过程。道外民众的生活愿望被投射到空间化的形式中,建筑则以其空间布局和装饰纹样捕捉其飘忽不定的愿望。在愿望与现实的碰撞中,道外近代建筑从传统形态中解脱出来,并被丰富多彩的生活推动着,走向有意味的形式,成为道外民众探索中国建筑形式的见证者。

　　建筑作为人类的居所,对生活品质的贡献,取决于人类生存活动的实现。它在参与人类生命活动实现的过程中,成为生活的物质载体,用以呼唤人们的愿望和推动愿望的实现。人们的愿望、建筑、实现了的生活,这三者循环往复地相互利用和推动,最终实现了人们对生活品质的追求。愿望代表人们对居住场所的理想和思考,建筑则是在建成的人为环境中的行为意志,在空间化的形式中的人类生活品质的实现,取决于此两者的和谐统一。而中介的人为环境是两者的物质载体,又由于两者的高度和谐而上升为沉淀于社会群体的文化认同,成为人类安身立命之所。道外近代建筑之有形空间和装饰被民众生活呼唤出来,成为民众生活中不可替代的组成部分,在此环境中生活的人们又以这样或那样的方式对环境提出要求,道外近代建筑在发展中也做出同样的回应。生活物化为建筑,建筑又组织和规定生活,给予生活大体稳定的秩序和范围,塑造生活的时空模型,以达到人们所期望的品质要求(图4-14)。

图4-14 与生活息息相关的小商业繁荣景象

一、空间形态的生活性

空间本身不具备生活性,但如果发生在空间内的行为具有生活性的特征,那么这个空间就会具有承载生活行为的功能。在道外近代建筑中,从大到小可划分为很多种空间形态,每一种不同的空间形态包含着不同的生活行为。前面我们已经讨论过了道外近代建筑的空间序列,即街巷—大门—院落—外廊—居室。道外的人们几乎天天要经过这些空间,驻足于这些空间,并参与其间发生的生活行为。按照生活行为的参与者范围,空间可划分为以下三类。

(一)个人生活行为空间

这里所说的个人行为生活空间,指在空间序列中处于尽端的居室,也就是我们俗称的"家"。在这个空间里,个人色彩浓厚,纵使是几代人的家也属于私密生活的空间。像更衣、洗面、休息、读书、学习、就餐等,这些生理性行为大多发生在此,而社会性行为在个人生活空间内则发生得相对较少。道外近代建筑的居室如图4-15所示。

(二)小集体生活行为空间

这里所谈到的小集体指的是院落内的所有居民。小集体生活行为空间主要指的是道外的大院,也包括街头巷尾这种小尺度的公共空间。对于居住在大院内的居民来说,大院是介于居室与街巷的空间,既属室内又属室外,具有明显的双重属性。在这个内外界限含混的空间里,经常发生社会性的生活行为,当然,大院内的居民是参与这种社会性的生活行为最多的人。《哈尔滨日报》就曾有一篇文章描写了道外大院内居民其乐融融的生活景象,"道外南二道街27号大院有个古色古香的名字,叫作'同义福大院',据说这是一个有100年历史的老院了。同义福大院与南三道街58号大院是一个通院,同义福大院住着63户人家,居民们称之为'祖国大陆';南三道街58号大院住着22户人家,居民们称之为'台湾岛'。……在100来年的风风雨雨中,'祖国大陆'与'台湾岛'水乳交融,那份浓浓的亲情令住在高楼大厦里的人羡慕不已"。在道外像同义福大院这种具有浓浓生活气息的大院仍然很多,正是大院这种空间形态的存在,才会为居民之间发生和增加社会交往提供可能(图4-16)。

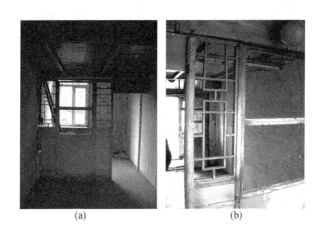

图4-15 道外近代建筑的居室

图4-16 同义福的沿街立面

(三) 大集体生活行为空间

大集体概念是相对于小集体来说的,我们这里所说的大集体生活行为空间,指的是道外大中型的公共空间或者是较集中的公共区域,如道外的圈楼广场、评剧院等,在此类空间里发生的是更为大型的社会生活行为。不同于大院内居民都互相熟知,参与此类社会活动的人们大多都不相识或者并不熟悉,他们可能来自不同的区域、不同的街巷、不同的大院,但他们都是为了同样的目的进入这种空间并参与活动。陶伟宁先生曾这样描述道外公共场所:"道外还有着不错的、气派的公共场所,有的在哈尔滨,甚至在全东北、全国都十分有名气。如坐落在十六道街上的'新世界'大饭店(现市第四医院住院处址),就是一处哈埠最大的、集吃喝玩乐于一身的娱乐场。它设有中高档的客房、大烟馆、快乐房(可容留妓女过夜的房间),还有影剧场、照相厅、宴会厅和舞厅等。华乐舞台(现市评剧院址)在哈尔滨的历史上也是很有名的,当年闻名全国的四大名旦中的梅兰芳、程砚秋就曾在这里演出过。坐落在太古街上的山东会馆('文革'后期被毁),其建筑风格具有中国传统的艺术特点,飞檐斗拱、雕梁画栋显得十分古朴,当年闯关东到哈尔滨的山东人很多都先投奔到这里。民族资本家,同记、大罗新商场的创始人武百祥先生,出资兴建的桃花巷大基督教堂(现黑天鹅址)十分壮观、美丽,一到祈祷日或圣诞节等节日,在道外一带居住的教徒们便都来到这里,'香火'颇盛。"新世界、华乐舞台、基督教堂(图4-17)这些大型公共场所承载的是更为广泛的社会性的生活行为。

图4-17 位于北大六道街上的基督教会

以上三种空间呈现出来的层次关系更像是现代城市设计中的城市空间、组团空间和个人空间。除了三类承载不同生活行为的空间外,还有一类空间在它们之间起着过渡的作用,这就是前面提到的外廊和大院门。因为外廊和大院门同样是空间,所以在它们之中照样会发生生活行为,并且发生的行为和行为的参与者具有它们所连接空间的双重属性。

二、装饰题材的生活性

建筑装饰是对建筑的一种美化手段,是对建筑及建筑构件的艺术加工处理。建筑装饰不仅是为美观而设,同时蕴含民族、地域、宗教、伦理、习俗及情态意象等文化内容。一座建筑中的装饰,全面地反映着建筑的特征,可以说是房屋的精华所在。而在道外近代建筑装饰上,同样能感受到市民对美好生活的向往,比如雕刻在外立面上的"松鹤延年""年年有余""连中三元"等吉祥装饰。这些装饰体现的是一种信仰民俗,尽管它们有些很不科学,甚至带有迷信的性质,但是在民间,它们却被看作具有生活意义的东西,象征着争取生存、发达兴旺、吉利平安。

中国是一个以汉族为主体的统一的多民族国家,在漫长的历史发展过程中,各少数民族深受汉族的影响,民族之间思想交流融合,形成了独具特色的中华民族文化。虽然各少数民族有着自己的个体差异,但却有着许多共同的民族心理,这些民族、民俗的东西也毫无例外地融入道外近代建筑的装饰之中(图4-18)。

(a)窗套的装饰

(b)女儿墙的装饰

(c)排水管的装饰

(d)墙面的装饰

图4-18 生活题材丰富的建筑装饰

道外近代建筑装饰中体现了功利心理。在道外，人们普遍采用文化的、精神的审美方式来满足他们强烈的功利心理，最终达到还原生命存在所具备的安全、幸福、自由、和谐的精神实质。这点大量表现于道外近代建筑的吉祥装饰中，其形式受制于民众"攘灾""纳吉"与"延寿"等的功利心理。如在建筑装饰中经常出现的鹤、蝙蝠、喜鹊、梅花鹿等图案，都有其象征意义：鹤在古代被认为是一种仙禽，象征着长寿；蝙蝠的"蝠"因为音同"福"，象征着福运；喜鹊则是中国人很喜爱的动物，认为它能带来喜讯。

道外近代建筑装饰中体现了民俗心理。在民居建筑装饰中反映出来的民俗文化可谓多而广，前面所提到的对于功利的追求也可以说是其中的一个方面，其他还有很多民俗民间思想的内容，如常用梅、兰、竹、菊的图案来表现高洁的生活品质等。

第五章　近代道外里院的居住形态特征解析

处于城市化过程中的近代哈尔滨,主要分布着三种典型的居住建筑类型,分别是铁路人员居住的独立型高级住宅,普通职员和外国侨民居住的独户、联户型普通住宅,中国普通居民居住的里院住宅。其中,前两类一般是中东铁路系统用房,主要分布于铁路附属地——道里、南岗地区,而第三类则多集中在铁路附属地之外的道外地区(或称傅家甸地区)。里院住宅在数量上占有相当的优势,基本构成了整个道外的肌理形态和城市现状;在风格上异于道里、南岗的西式移民风格,是特定历史条件下异区域性文化碰撞和融合的产物。

近代道外里院住宅的居住形态主要涉及实体呈现和非实体呈现两个层面,其中实体呈现主要指居住空间的形状、结构及功能特征,是居住活动的物化表征呈现;而非实体呈现主要指居住生活方式,即一定时间、一定地域内,居住物质环境中所发生的主导性的居住生活内容与居住生活方式。其中,非实体呈现的居住生活方式是居住形态的核心,决定着居住的发展与变化。

本章主要从居住形态的概念出发,从居住形态的实体呈现——居住空间形态,非实体呈现——居住生活方式两方面,由具体到抽象,由浅入深逐步阐述,从实体呈现和非实体呈现的相关要素着手,总结归纳出近代道外里院居住形态的基本外在特征。

第一节　居住形态的实体呈现

作为居住形态实体呈现的居住空间形式,对居住形态的研究有着至关重要的意义,其通过一定的内在组织规律,能够形成一定的从具体到抽象、由外至内的空间秩序,从而体现特定时代、特定地域的一种居住状态。本书中居住形态的实体呈现采用从整体到局部的方式进行阐述,即从群落布局形式、单元构成要素和装饰形态要素三个层面进行论述。

一、群落布局形式

在哈尔滨道外的头道街至二十道街之间集中分布着大量里院住宅,虽然其大小、形制各不相同,但基本上都是方形院落体系,它们按照一定的构成关系排列组合,形成一组组里院建筑群落。这些建筑群落存在着不同层次要素之间的层级构成关系,以及同层次要素之间的并置构成关系。本节主要从围合方式和组合方式两个层次,论述里院建筑群的群落布局形式。

(一)围合方式

里院建筑多为2~3层,通过不同的围合方式形成院落空间。从院落围合的方位来看,主要有两面围合、三面围合和四面围合等(表5-1)。所谓两面围合,多由成"L"形建筑双面围合而成,多出现在街角,因其难以形成自己的空间,常常需要和三合院、四合院毗连组合;三面围合多由"U"形建筑围合而成,多存在于街角、街边和街区中,适应性比较强,多独立成院,私密性、采光性较为合宜,道外多数院落皆采用此形制;四面围合多由"口"字形建筑围合而成,多存在于街角,私密性较强,较其他形制而言,四面围合院落更接近传统四合院院落,与中原文化更为贴近,但其采光性较差,居住适宜度相对较低。此外,道外里院也有由离散单体围合而成的,如道外北大六道街43号、北五道街33号。道外里院的围合布局虽然源于中原传统院落空间,但更加紧凑围合,内向封闭,这也是道外里院对寒地气候的适应性改变,体现着道外移民对文化传承和适应自然的态度。

表5-1 道外主要里院形式

围合方式	所在位置	形式	性质
两面围合	北二道街53号	⌐	小进深方院
	北二道街37号	∟	小进深窄院
	升平街64号	¬	小进深窄院

表 5－1(续 1)

围合方式	所在位置	形式	性质
两面围合	南小六道街 176 号		小进深方院
两面围合	南八道街 1 号		小进深方院
两面围合	南八道街 201 号		大进深宽院
两面围合	北十道街 6 号		小进深方院
三面围合	北头道街 7 号		小进深窄院
三面围合	北二道街 15 号		小进深方院
三面围合	北二道街 18 号		大进深宽院
三面围合	北四道街 28 号		大进深宽院
三面围合	北五道街 33 号		大进深窄院
三面围合	南小六道街 169 号		小进深窄院
三面围合	北小六道街 25 号		小进深窄院
三面围合	北大六道街 20 号		小进深宽院
三面围合	北大六道街 30 号		小进深窄院
三面围合	南七道街 271 号		小进深窄院
三面围合	南七道街 281 号		大进深窄院

表 5-1(续2)

围合方式	所在位置	形式	性质
三面围合	南九道街 9 号		小进深方院
	南九道街 194 号		小进深窄院
	北九道街 9 号		大进深方院
	北十九道街 6 号		大进深宽院
四面围合	北三道街 15 号		小进深方院
	北四道街 14 号		小进深宽院
	南五道街 289 号		小进深方院
	北五道街 5 号		小进深窄院
	北大六道街 5 号		小进深方院
	北大六道街 43 号		小进深宽院
	南七道街 274 号		大进深方院
	南八道街 1 号		大进深宽院
	南九道街 182 号		大进深宽院
	北九道街 16 号		大进深宽院
	仁里街 113 号		小进深方院

表 5-1(续 3)

围合方式	所在位置	形式	性质
四面围合	南十八道街 120 号	▢	大进深窄院

从围合的尺度和形状来看,有宽院、窄院、方院和不规则院之分。道外里院的形状、大小各异,形态多样。以临街面一侧作为院落面长,而垂直街面一侧为院落面宽,根据长宽比来分类定义。若院落长宽比在 1.5∶1 以上,宽而扁,称为宽院(图 5-1)。这类院落采光性较好,适于北方寒地日照时间短的特点,因此其空间居住性能较为优越;若院落长宽比在 1∶0.5 以下,呈窄而长的趋势,则称为窄院(图 5-2)。该类院落采光性较差,邻里干扰较大,居住环境较差。但是由于占地面积比较小,建筑密度较大,比较适合当时道外民众的居住状况;若院落长宽比在 1∶1 左右,呈方形,则为方院(图 5-3)。这类院落采光性、私隐性较合宜,其居住适宜度也比较高。所谓不规则形,是指院落常常因地就势,不遵循一定的长宽比,以三角形、梯形院居多,常将入口门设于建筑一角,以此保证院落完整。

(a)北二道街18号 大进深宽院　　(b)北大六道街20号 小进深宽院

图 5-1　宽院

第五章 近代道外里院的居住形态特征解析

(a)北九道街16号 大进深窄院　　　　(b)北小六道街46号 小进深窄院

图 5-2　窄院

(a)北九道街9号 大进深方院　　　　(b)北大六道街5号 小进深方院

图 5-3　方院

(二)组合形式

道外里院聚落群体系基本上都是由这些基本院落单元组合发展而来的,常见的组合方式有独院式和组合院式。一般来说,道外里院的围合性较强,常常单独成院,因而独院形式居多。此外,道外还有少许二进院,如位于靖宇街 39 号的胡家大院(图 5-4)。该院是 19 世纪资本家胡润泽(人称"胡二爷")为其四姨太所建。该院是典型的二层高两进深四合套院,坐北朝南,主入口设在临街中央,过街门洞形式。前院较窄,尺度局促,为仆人和客人用房;后院为纵深式,尺度宽阔,为主人用房。在整体布局上,依然可见其中轴对称分布的中国传统院落观念。

· 97 ·

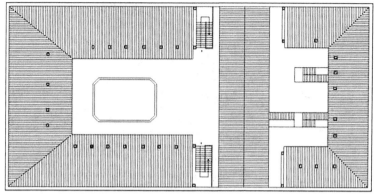

(a)平面图①

(b)前院

(c)后院

图 5-4 靖宇街 39 号胡家大院

组合院形式不是特别常见,通常为前后通院或左右通院,多呈"E"字形或"日"字形,道外里院主要组合形式见表 5-2。前后院一般横贯前后两条街,严格意义上有正门、后门两个出入口,正门在主街道上,为主要出入口,多设门板,加以装饰;而后门多为辅助门,便于厨余、垃圾等的运输。在前后院连接处会设一个或两个便门,为过街门洞,方便前后院的联系。道外南八道街 174 号与南七道街 264 号里院、北大六道街 15 号与北七道街 12 号里院、北小六道街 46 号与北五道街 75 号里院等都是前后院的组合形式。而左右通院通常位于一侧街道上,里院两侧或中间有两个大门,便于出入。这类组合院沿街立面通常较长,而且两个单院在立面上采用相似度极高的装饰形式。北小六道街 8 号与 10 号里院、北七道街 15 号与 17 号里院、南九道街 168 号与 170 号里院等均采用该组合形式。

---

①刘东璞. 哈尔滨胡家大院的实态与再利用研究[D]. 哈尔滨:哈尔滨工业大学,2003:87.

表 5－2　道外里院主要组合形式

组合方式	所在位置	组合形式
前后通院	南八道街 174 号 南七道街 264 号	
	北大六道街 15 号 北七道街 12 号	
	北小六道街 46 号 北五道街 75 号	
左右通院	北小六道街 8 号 北小六道街 10 号	
	北七道街 15 号 北七道街 17 号	
	南九道街 168 号 南九道街 170 号	

根据组合院的功能关系,可将其分为跨院－居院式和双居院式两种。其中,跨院－居院式的前院主要承担过渡、交通和储存杂物的功能,后院则承担生活起居功能。而双居院式的前后院都承担居住功能,一般来说,前院多为仆人居住并兼有储藏功能,而后院则多为主人用房,且私密性和规模都高于前院。组合通院不但扩大了空间,也增加了人们之间的交往,生活气息十足。据记载,南二道街 27 号"同义福"里院与南三道街 58 号里院为一通院,在"同义福"里院一侧的便门使得两院充满浓郁的生活氛围。当时《哈尔滨日报》就对其进行了报道,称"同义福"大院为"祖国大陆",南三道街 58 号里院为"台湾岛",以此形容这种水乳交融的浓郁气氛。

二、单体构成要素

道外里院群落的基本单元是形式各异的里院空间。这些基本单元虽然偏离标准四合院的形制,多数是非标准或非四合院形制,但它们具有相似的空间构成和空间结构。一般来说,里院主体多由二三层的砖木结构建筑单体围合而成,底层多为商铺,上层多为居室的大院住宅空间。

里院的空间构成延续着由外至内的空间秩序,基本有公共开敞空间(院落空间)、公共半开敞空间(外廊空间)、私密空间(居住单元)。若是多进院落,在内院与外院上还会有层次的差别。本节将按照空间序列,逐步论述近代里院的单体构成要素。

(一)院落公共空间

道外里院住宅的公共空间要素主要包括开敞性的院落空间和半开敞性的联系空间。这些空间从行为学的意义上来讲,多为交往性空间。

院落空间是里院的主体,也是里院的主要公共交往空间。院落空间多为"L"形或"U"形建筑单体围合,单体之间多成毗连型布局,若呈离散型布局,也通过外廊紧密联系,尽量缩小空隙。院落的形状多为矩形或方形,根据面宽与进深的比例,可分为宽院、窄院和方院等;从层次上来讲,有独院、两进院和多进院之别。

在院落格局方面,一般将外楼梯置于院落中间或两侧,而外楼梯通过连续的外廊将整个建筑连成一体(图5-5)。通常工匠会根据院落大小和住户数量来确定楼梯数量。除交通空间外,院落中还设有辅助性的生活设施。自来水、公共厕所、污水口、仓棚是必备的公共设施。通常将污水口布置在院落四角,与市政的排水设施衔接;公共厕所设置于院落一侧,与居住空间相对;自来水口设在院落中央或一侧,方便各户使用;仓棚多布置于角落中。当时有一些大院设有集中供暖的锅炉,如胡家大院;也有一些大型里院院落中,有中式照壁、西式花坛水池等景观设施。

院落空间以门、间、廊围合而成的层次关系进行组织,虽然其空间形态与布局有所不同,但整体布局均遵循一定的空间组织秩序,这种序列性主要为内外空间层次上,基本是由街道空间至院落空间再至居住空间的过渡空间层次。院落空间相对居住单元为外空间,相对街道则为内空间,因而是一种亦内亦外的复合空间。

从整体肌理上讲,院落空间呈现密集态势。当时近代道外俗称傅家甸,是来自外地移民主要的落脚之地。考虑到当时居住人口甚多,再加上商住混合模式,因此将院落空间组织成低层高密度住宅群。尽管如此,道外的院落形制仍然延续中国传统形式,讲究空间秩序感,甚至有的院落有明显的轴线对位关系。

里院的居住人数一般少则十几户,多则百户,且居住者多为不同阶层、不同国籍的住户。从这点上看,院落的公共性较强,被称为拥挤住户的室外活动空间或邻里交往的半私密空间。

第五章　近代道外里院的居住形态特征解析

(a)北大六道街5号　外楼梯　　　(b)北小六道街8号、10号　公共厕所

(c)南七道街271号　外廊

图 5-5　道外里院院落格局

(二) 半公共联系空间

里院住宅的联系空间主要为院门、外廊、楼梯等半开敞公共空间。这些空间，除了具有必要的交通职能之外，还弱化了街道空间与院落公共空间、院落公共空间与居住私密空间之间的界限，使之成为有机的整体。

1. 院门

院门是进入里院空间的首位空间层次，通常布置在院落的中间或角部。有的里院在院门之后还设置影壁墙，墙上绘"福禄寿喜"等吉祥字。因里院住宅随街而建，不追求刻意的正南正北，所以其正门也无谓方向性。在尺度方面，院门一般两米多高，宽度一般为三米左右，尺度比较居中。尺度较大的里院的院门可驾马车而过，而尺度较小的院门多为门洞。在材料方面，院门一般为木质，常会加包铁皮，并钉有钉头排列的图案。有些大型院落除正门外，还设有便门(图 5-6)。当时一般里院都有宵禁制，便门的存在方便了晚归的人，同时也保障了里院的安全。为了强

· 101 ·

调门的位置,工匠常常会用倚柱、山花、额匾和女儿墙来突出院门。

(a)北十道街6号　正门　　(b)北四道街92号　侧门　　(c)北二道街15号　便门

(d)北七道街17号、15号　前后通门

图5-6　道外里院院门位置示意图

2. 外廊

外廊是里院空间的重要部分,也是区别于其他"里"式住宅的主要特征。作为一种开敞交通空间,外廊主要置于内院二层及以上,是室内外过渡空间,一般配有一个或多个外楼梯,连为整体,加强院落空间与居住空间的联系。外廊的悬挑一般为1米左右,早期为木梁悬挑,梁上架设木板,如北二道街15号、18号里院等;后期多采用西式水泥与钢铁铸件,如北大六道街20号、北九道街16号里院等(图5-7)。同时,外廊上有中国传统木栏杆、挂落、楣子等装饰,具有浓郁的传统色彩。在空间层次上,这种"灰空间"是私密性居住单元与公共性院落之间的过渡。由于里院居住密度比较大,而储存空间有限,很多住户将部分物品置于外廊。在交往空间层面，外廊作为出户的必经之地，是人们交往行为发生较频繁之处，也促进了其形成这种大院式的居住氛围。

(a)北二道街18号

(b)北二道街15号

(c)北九道街16号

(d)北大六道街20号

图5-7 道外里院外廊形式

3.楼梯

作为外廊与院落联系的楼梯也是院落的重要组成部分。一般楼梯宽度为50~80厘米，斜度约为1°，呈窄而陡的样式。设计成这样的楼梯是出于经济条件的考虑，因为当时在里院中居住的多为闯关东的移民和铁路工人，他们没有多余的资金，所以在楼梯外廊这些公共性交通空间的设计上均采取节省之态。在满足交通的情况下，用料越省越好，甚至有些楼梯的梯段高将近20厘米。早期楼梯栏杆多为木质，后期多采用水泥楼梯，铁质栏杆。道外里院的楼梯分为内楼梯与外楼梯两种。外楼梯属于早期产物，后发展为内楼梯（图5-8）。外楼梯一般布置于院落中央或两侧，为隐蔽起见，也有置于角落处；而内楼梯则布置于房屋拐角处，视院落大小和居住人数来定楼梯数量。楼梯与外廊的结合方式主要有两种，即平行于外廊和垂直于外廊(表5-3)。内楼梯多垂直于外廊布置,多为两跑形式,如北九道街16号里院,北小六道街8号、10号里院,北四道街28号里院等;也有转角形式,如南七道街271号里院内楼梯。而外楼梯的形式多样而随意,通常一个院落可能不止一种楼梯形式,有单跑直上,通过天桥与两侧外廊衔接,如北头道街7号里院;也有90度拐角式或垂直于外廊,如北二道街15号里院、南九道街182号里院、南十八道街120号里院等;还有平行于外廊,如北五道街75号里院等。楼梯组合形式有先合后分式,通过分开的部分楼梯与外廊相接,如北大六道街43号里院等;也有先分后合式,如北二道街43号里院等,这种院落中的联系空间模式也基本发展为道外里院的通用模式。

(a)北九道街16号 木质内楼梯　　(b)北大六道街5号 木质外楼梯

(c)北二道街18号 混凝土外楼梯　　(d)北大六道街20号 混凝土内楼梯

图5-8　道外里院楼梯形式

表 5-3 道外主要里院的外廊楼梯形式

楼梯分类	所在位置	外廊楼梯形式	楼梯样式
外楼梯	北头道街 7 号		直跑式
	北二道街 15 号		拐角式
	北二道街 18 号		拐角式、直跑式
	北二道街 37 号		拐角式
	北二道街 43 号		拐角式 先合后分式
	北五道街 5 号		双跑式
	北五道街 33 号		直跑式
	北小六道街 25 号		拐角式、直跑式
	北小六道街 26 号 北五道街 75 号		直跑式 先分后合式
	北大六道街 5 号		直跑式、拐角式、双跑式
	北大六道街 15 号 北七道街 12 号通院		直跑式
	北大六道街 30 号		直跑式
	南七道街 281 号		双跑式、直跑式
	南七道街 264 号 南八道街 174 号通院		直跑式、拐角式
	北七道街 15 号、17 号通院		直跑式、拐角式、双跑式

表 5-3(续)

楼梯分类	所在位置	外廊楼梯形式	楼梯样式
外楼梯	南八道街 1 号		拐角式、直跑式
	南九道街 182 号		直跑式、拐角式
	南九道街 194 号		先合后分式
	北九道街 9 号		直跑式、拐角式
	北十道街 6 号		直跑式
	仁里街 113 号		直跑式
	南八道街 120 号 仁里街 89 号		拐角式
内楼梯	北四道街 28 号		双跑式
	北小六道街 8 号、10 号通院		双跑式
	北大六 20 号		双跑式
	北九道街 16 号		双跑式
内楼梯 + 外楼梯	北大六道街 43 号		先分后合式 双跑式
	南七道街 271 号		直跑式、拐角式
	南九道街 168 号、170 号通院		直跑式、双跑式
	北十九道街 6 号		直跑式、双跑式

(三)居住私密空间

道外里院的早期居住空间多为单元制,各个单元空间的格局、尺度基本类似,有套间和单间两种,如表5-4、图5-9所示。其中,单间为一开间,居住面积为10平方米左右,多为一厨一卧形式。在朝向内院一侧开一亮橙户门或窗,在临街面设窗户,便于室内采光和通风。而套间多为内外屋,有两开间或三开间,居住面积相对较大,几个卧室围绕公共厨房布置,面积为二三十平方米。多在朝向内院侧开一户门或一窗户,也是亮橙形式,便于院落内采光。通常开户门的为正房,一般用作灶间,而另一侧房间则用于居住。一般来说,单元间多为低收入阶层或单身人士居住,而套间则为很多小家庭居住。在组合形式上,在保持一定进深的情况下,单间套间可任意组合,并通过外廊或内廊相接。每户相对独立,互不干扰,以一定的水平、垂直交通相连,户型较为模式化,便于大规模商业运作,均质而紧凑,体现了经济约束下的因时制宜的特征。至20世纪50年代后,从苏联引进"单元式"住宅形式,道外里院的居住形态也发生了一系列变化,由外楼梯改为内楼梯,有原来并联单元形式改为一梯两户,户内再进行分隔,如北小六道街8号、10号通院,北九道街16号里院等。

表5-4 道外里院居住单元主要形式

单元形式	所在位置	居住单元平面布局
单间形式	南八道街1号	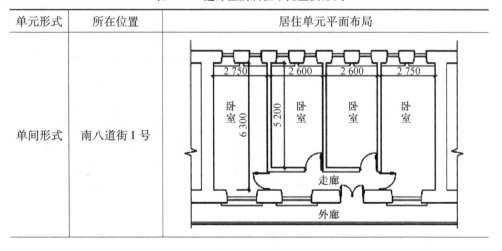

表 5-4(续1)

单元形式	所在位置	居住单元平面布局
单间形式	靖宇街283号	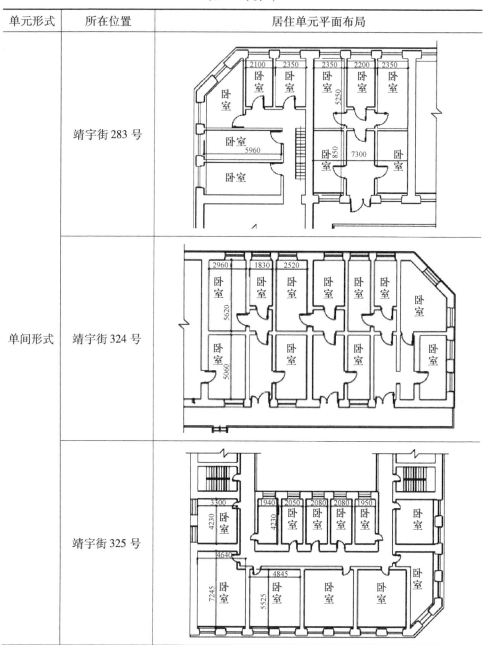
	靖宇街324号	
	靖宇街325号	

表 5-4(续 2)

单元形式	所在位置	居住单元平面布局
套间形式	靖宇街 39 号前院	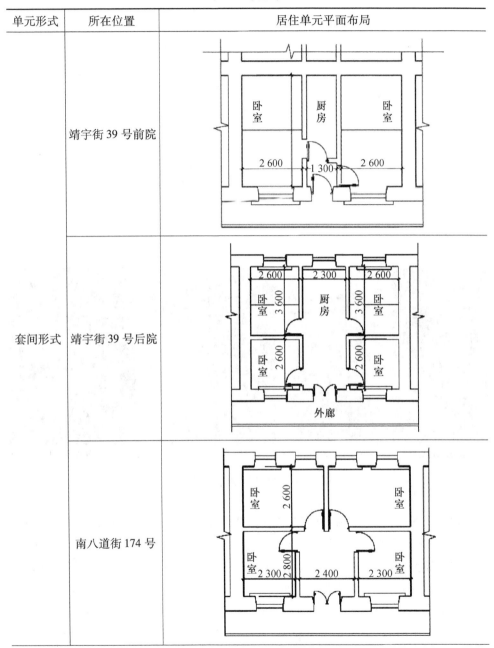
	靖宇街 39 号后院	
	南八道街 174 号	

表 5-4（续3）

单元形式	所在位置	居住单元平面布局
套间形式	仁里街89号	卧室 2 300 / 厨房 1 900 / 卧室 2 300；5 000；外廊

(a) 南八道街1号

(b) 仁里街89号

(c) 南八道街174号

(d) 南八道街174号

图 5-9　道外里院居住空间形态

　　里院的平面多延续中原正统文化"一明两暗"的基本格局，但是，与之不同的是，厢房为主导性空间，而正房为辅助性生活空间。"一明两暗"的格局是一般平民住宅的原型，自汉代沿袭至今。作为中国最正统的结构形式，居住空间基本为三间或五间，结构上为三向五架或五向七架，正房为厅堂，两侧厢房为卧室。随着汉族移民进入关东后，由于受满族文化的影响，其基本格局发生了些许变化。一是其正房功能发生改变，由厅堂改为灶间，不具起居功能。除锅灶外还有水缸、碗柜等杂物，相当于半个储藏空间；二是其西屋功能增多，满族人以西为大，西屋除正常起居功能外，还将祖宗牌位置于其间，承担祭祀功能。

三、装饰形态要素

近代道外里院立面装饰讲究构图与造型、对称、均衡、比例、尺度等。里院多为二三层建筑,沿街立面多采用西式传统的"三段式"构图,其风格融合巴洛克、折中、新艺术及中国传统风格,也就是所谓的"中华巴洛克"式。而院落内立面则比较收敛,以传统装饰形态为基调。

(一) 沿街外立面装饰

道外里院的沿街立面多为中西合璧的"中华巴洛克"式,如《滨江尘嚣录》中所述:"以哈尔滨全埠论,各区中比较建筑宏伟,街市整齐者,当推埠头区与秦家岗。若以繁华浮嚣论,则傅家甸,四家子尚焉。傅家甸、四家子之建筑物,……虽楼宇互连、光彩夺目,但终不脱中国式。"与南岗、道里区的西式风格相异,道外的建筑风格则是南岗、道里的间接西式移植与中原移民的传统文化的融合。

所谓"中华巴洛克"立面风格,在构图上以西式为主,采用"横三段""竖三段"式构图,在装饰形态上既有西式构件,如层叠的倚柱壁龛、断裂的檐口山花和扭转的柱式、涡卷等,也有中国传统的浮雕装饰,如在女儿墙、阳台、壁柱等位置加入蝙蝠、花草等吉祥寓意的雕刻。中国传统纹样和装饰手法的加入,表明了中国工匠对信手拈来的西式风格的戏谑与改进。

从构成形式上看,道外"中华巴洛克"立面主要分为转角式和非转角式。转角式一般位于街道交叉口处,平面多呈"L"形;而非转角式一般位于街巷中,平面多为"U"形或"回"形。"中华巴洛克"立面通常会存在视觉焦点,多集中在院门、女儿墙的位置上,因而立面中央或两端的处理会相对较复杂。若立面为转角式,为了吸引人群,多将抹角入口处做成整个立面的视觉中心,独立于两侧的立面。通常强调视觉焦点的手法主要有柱式形态、窗户形态、檐口形态和女儿墙形态等。

1. 柱式形态

柱式是立面构成的重要元素之一,能够划分立面层次及突出重点。其形态多为中西交融,分柱头、柱身和柱础三段,整体比例随意,柱头多为科林斯、爱奥尼式,柱身多为西式凹槽、植物纹样、螺旋形或表面光滑的,柱础则大量运用传统鼓形(图5-10)。

2. 窗户形态

窗户在整体立面构成中占据的比例最大,为西式的平开窗,均匀排列。窗户一般分为独立窗和组合窗两种。其中独立窗自有一组窗套和窗台,高宽比为3:2左右,而组合窗一般为两扇细长的小窗共用一套窗台和窗套,两扇小窗之间为窄墙或壁柱,高宽比一般为3:1,装饰形态多由窗套、窗间柱及窗台呈现。其中,窗套和窗台多以砖砌或抹灰做出轮廓和线脚,样式丰富,有西式的植物纹样,也有中式的蝙蝠、草龙等纹样,窗间柱则形式随意,兼有中西装饰的特点(图5-11)。

(a)北大六道街5号

(b)北九道街17号

(c)靖宇街39号

(d)南七道街271号

图5-10 道外里院柱式形态

(a)北七道街17号、15号 独立窗

(b)南八道街8号 独立窗

图5-11 道外里院窗户形态

(c)南七道街271号 组合窗　　(d)北九道街15号 独立窗和组合窗

图 5 - 11(续)

3. 檐口形态

檐口形态多为西式样式，挑檐较深，下以牛腿或线脚相承。挑檐的装饰以中式传统纹样居多，如回字纹、万字纹、如意纹或蝴蝶纹。牛腿则成对出现，多饰植物纹样。一般在两组牛腿之间常带有额匾，刻有传统吉祥图案，如铜钱、寿字、松鹤、双狮、卷纹植物等(图 5 - 12)。

4. 女儿墙形态

女儿墙是装饰的重点，也是整个立面形态中变化最丰富之处。其主要构成要素有山头、望柱、矮墙和栏杆，也可以肆意组合，形成"望柱 + 矮墙""望柱 + 山头 + 矮墙""望柱 + 栏杆""望柱 + 山头 + 栏杆"及"望柱 + 山头"等，体现了道外建筑装饰形态的恣意与率性。在这之中，山头通常是附加装饰最为集中之处，有西式的三角形或弧形山花，也有中式的如意曲线形等。望柱形态则多西方化，顶端为矩形、三角形或曲线形。矮墙多为中式的花砖或花瓦顶，而栏杆多为西式的瓶形或金属铁艺。总之，女儿墙的装饰基调模仿西式，以此炫耀商家和强化视觉焦点(图 5 - 13)。

在建筑材料上，早期里院多采用青砖饰面，一是因为青砖是传统建筑中广泛运用的材料，二是青砖的厚重纯朴深受道外工匠的喜爱。住宅立面的檐口、线脚、牛腿等多用青砖拼接，甚至有些女儿墙采用青砖堆筑的传统花砖顶。在檐口或山花处通常有砖雕或灰塑，起到画龙点睛之用。在日俄战争后则多采用红砖和抹灰立面。道外的民族工商业和西方建造技术的发展，使灰浆等材料更加大众化。抹灰墙面一般有装饰相对烦琐和相对简洁两种。其中浮夸装饰的特征是在立面上添加过多附加性装饰，采用更加繁复的花样，几近巴洛克风；而简洁装饰则强调本土性，只在重要部分附加装饰，还原建筑本真性。

(a)南七道街271号

(b)南九道街168号

(c)北大六道街5号

(d)北头道街35号

图 5-12　道外里院檐口形态

(a)北二道街15号　望柱+山头+矮墙

(b)北二道街47号　望柱+栏杆

图 5-13　道外里院女儿墙形态

(c)北三道街15号 望柱+山头　　　　(d)北小六道街46号 望柱+矮墙

图 5-13(续)

(二)院落内立面装饰

近代道外的院落内立面装饰主要指外廊与楼梯的装饰。外廊作为院落"虚空间"与单元"实空间"之间过渡的"灰空间",是一种介于"实"与"虚"之间的界面空间。作为院落内部重要的构成要素,其形态自然也是工匠装饰的重点。外廊装饰沿用传统游廊形态,在木柱之间架设传统栏杆、挂落和檐下挂板。它们多运用传统剪影手法,采用轻质木材,不仅以虚界面弱化了空间限定性,也使院落立面增加了一个空间层次,丰富了肌理。其中栏杆形式多为传统的瓶形、条形或镂空栏板,檐下挂板是俄式风格,为层叠三层或两层的几何形锯齿装饰,也有传统吉祥纹样装饰。挂落是整个外廊装饰形态中最为复杂多变之处,常用镂空木格或花雕版做成,花纹有简洁的几何图案也有繁复的传统图案,如"步步锦""金线如意"等吉祥纹样或卷纹植物图案等,空灵剔透,精巧别致。挂落与栏杆在外廊形态上属同一层面,多上下呼应,犹如花边般,或虽实尤虚,或虽虚胜实,加强了空间的层次感与延伸感(图 5-14)。

此外,楼梯作为外廊与院落间的上下连接部件,其装饰形态也是不容忽视的。呈现于道外里院的楼梯一般有传统木质楼梯和西式混凝土楼梯,主要装饰形态为栏杆扶手部分。木质楼梯的栏杆多为瓶形或条形,而混凝土楼梯多为铁艺栏杆,纹样多为藤蔓类植物纹样,体现着新艺术运动的动感姿态。

(a)北大六道街5号 挂落　　　　(b)北大六道街15号 栏杆

(c)北大六道街15号 栏杆+挂落+雀替　　(d)北九道街9号 栏杆+挂板

图 5-14　道外里院檐廊形态

第二节　居住形态的非实体呈现

居住形态的非实体呈现主要是指居住生活方式,是居住形态的核心,决定着居住形态及其发展变化。其中,居住方式指不同的人或群体在一定社会规则与因素制约下的居住行为模式;生活方式则指一定社会条件制约和价值观指导下的满足自身需要的生活形式与行为。这种抽象的外在特征需要一定的物化形式来呈现,即前文所述的实体空间形式。同时,人们将自己对居住的理念价值通过一定的居住生活行为反映到实体空间形式上,这一过程、内容及结果就是贯穿人类社会始终的居住形态。

道外里院是近代"里"式住宅在东北地区的延伸,体现着 20 世纪初道外最普遍、最真实的居住形态。道外里院是特定时代、特定背景下的多文化杂糅现象的表征,异于南岗、道里直接移植西式的风格,道外里院基本上是由民间工匠自行设计建造的,这些民间工匠是非专业性的建筑师,只是参与或参观过西式建筑的建造,对本土文化有着强烈的表现欲,因而建造了这些特色民俗建筑群落。近代道外里院的居住者多为北方各省的关内移民,以破产农民、小商业者居多,聚集在铁路附属地之外的道外,有着相近的生活习俗及居住习俗,在一定程度上主导着该地区的居住生活方式与内容。

一、商住混居模式

(一) 工商业发展背景下的商业行为

近代以来,人们被迫放弃了之前从事的农耕生产活动或与农耕相关的活动,改为从事商业、手工业。这种异于农耕时代的生产、生活方式慢慢改变着道外民众的居住状态。哈尔滨道外是早期民族工商业的发源地,其商业雏形可追溯至1904年,其发展沿革大体经历了如下过程:最初形成的傅家店以大车店、酒馆和医药铺为代表的早期民族商业;之后,随着人口猛增,来自青岛、奉天等地及本市的商人开始在道外建设工厂并经商,为这一地区形成独特的商市风貌奠定基础;随着工商业的进一步发展,道外逐渐发展成为集商业、娱乐、居住为一体的综合区域,成为哈尔滨市民购物娱乐、餐饮生活的核心地区;由于政治原因,该地区的商业功能一度萎缩,后来逐渐复苏并再次成为哈尔滨的商业中心之一。在道外工商业的整体发展过程中,靖宇街是出现较早的一条商业街。"当时道外是松花江火轮船码头,与火车站相接,水陆交通堪称方便。这里又是商业街,大约有800户居民,多是中国旧式建筑,颇为繁华",其所描述的就是当时道外人口密集、商业繁荣的情形(图5-15)。

(a)傅姓人家开设的大车店①   (b)正阳街(现靖宇街)的繁华景象②

图5-15 近代道外工商业情形

---

①李述笑.哈尔滨旧影:中英日文对照[M].北京:人民美术出版社,2000:12.
②李述笑.哈尔滨旧影:中英日文对照[M].北京:人民美术出版社,2000:44.

道外工商业的形成与发展对于该区域的社会结构、文化传统、风俗观念等相关活动产生了十分重要的影响。在这一地区从事工商业的人群大部分为处于社会中下层的城市贫民、中小工商业者等，受教育程度普遍较低，基本从事体力劳动和经营活动，大都来自中国北方诸省。在这样的背景下，该区域形成了以中国传统的街坊、市井的网格状布局为主的传统民宅的布局特点，并创造性地产生了"中华巴洛克"的独特建筑风格。

由于道外工商业的迅速发展，商业日渐成为人们谋生的手段，人们"竞相为商"，由此绅商价值中的实用性成为道外民众的普遍心态。道外的商业行为包括商业经营行为和杂艺民俗行为等。商业经营行为一般有坐商和行商两种。坐商是指有固定摊位和铺面，占道外商业经营的大多数；行商是指走街串巷、沿街叫卖的商贩（图5-16）。此外，"牌幌"也是道外商业行为的重要体现。所谓"牌幌"，指店铺的牌匾、招牌等，以直接或间接显示行业或经营范围为目的。作为商家的门面，从字号到书写再到装裱，都极尽用心讲究，以此彰显商家实力。"牌幌"的命名一般出于"趋吉"的原则，多用"旺、隆、兴、盛、顺、永、发、泰、利、裕"等，如"仁和永""天丰源""义顺成"等，寓意生意兴隆，体现了传统商业文化。

(a)茶庄兼书店(坐商)　　　　(b)走街串巷(行商)　　　　(c)街头摊点(行商)

图5-16　道外的坐商与行商①

除了一般经营意义上的商业行为外，杂艺民俗行为也是道外地区商业行为的一种，它一般以民间的杂耍性表演为主，主要由杂技、戏法、曲艺、相声等组成。近代道外的裤裆街是杂艺民俗聚集地，五行八门，昼夜喧嚣，各色人物熙熙攘攘，构成了一幅特殊的民俗生活场景（图5-17）。据《道外志》载，当时参与民俗表演的有西河大鼓的范动亮，评书艺人张文曾、于德海，东北大鼓的郝云霞、郝云凤姐妹，相声演员冯瞎子等；传统戏法有吞铁球、罗圈变物等；此外还有街头清唱、拉洋片、相面、占卜等。

---

① 李述笑. 哈尔滨旧影:中英日文对照[M]. 北京:人民美术出版社,2000:98,103.

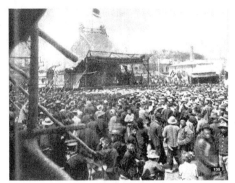

(a)看大戏　　　　　　　　(b)吹拉弹唱

(c)算命、批八字

图 5-17　道外的杂艺民俗行为[①]

(二)近代道外里院商居模式适应性

每一种社会结构和经济类型都对应着一种生产生活方式,在传统商业环境中,以家庭为单元的生活方式对应着商住一体的单元式布局,形成"前店后坊"或"下店上宅"的模式,这种形式在中国传统商市城市中有着悠久的历史。早在北宋年间,传统的"市坊制"已经适应不了经济的快速发展,因而以"街巷制"代替传统封闭"坊"制和集中市场。如《清明上河图》所描绘,街道纵横,店铺林立,沿街设摊点,下为店,上为宅(图5-18)。现在,这种商居一体的形式在一些城镇中仍被保留着。

---

① 李述笑.哈尔滨旧影:中英日文对照[M].北京:人民美术出版社,2000:104.

图 5-18 《清明上河图》店铺图①

与其商业模式相对应的,道外里院多为商住混合模式,其底层多作为店铺空间,由各自临街的店铺门进入,如果进入内院一般由过街门洞进入,经楼梯至外廊到自己的居室,各得其道,互不干扰。这种模式能够适应当时道外商业经营与居住行为的结合的特点。道外是当时铁路附属地之外的商业繁荣地,以最早出现的商业街区靖宇街为例,有同记商场、仁和永、益发合、老鼎丰副食、三友照相馆、哈市百货商店等十余家大型店铺,其繁荣程度可见一斑。在寸土寸金的商业街区,临街开店成为不二之选,而货物储备、操作间等辅助功能宜接近门面,否则影响店铺经营效率,因此"下店上宅"的商住结合模式也在道外里院中延续下来(图 5-19)。

(a)北三道街店铺　　(b)北三道街47号　　　　(c)原松光电影院

图 5-19 道外的店铺形态

①谭刚毅. 两宋时期的中国民居与居住形态[M]. 南京:东南大学出版社,2008:26.

同时,西方势力的入侵导致自然经济的解体,使得很多农民进城务工,商业活动成为其维持生计的主要手段。道外的商业内容和数量正是这种小的民商业日积月累的结果,这种商住模式以住居不分离为特点,在集约型的小型商业家庭中,在有限的经济实力的限制下,既解决了一家人的居住问题,又解决了其生计问题。同时,这种模式减少了住所与商铺之间的距离。里院的内院可以作为临时仓库,方便了店铺的管理运营,且提高了商业效率。

　　哈尔滨道外的工商业发展从不同层面上影响到了其居住建筑的空间形态和居住生活内容,商住混合的行为模式也为建筑功能上的商住混合提出了要求。这种集约实用的建筑形式最大化地体现了市井商人对建筑实用性的需求,是商业发展下的产物。

　　道外里院商居混杂的生活气息十分浓郁。鳞次栉比的各式各样的牌匾,街上摆的摊点,游走于街巷的各类叫卖声,再加上川流不息的人群,形成了热闹喧嚣的商业氛围。而进入辅街,玩耍嬉戏的孩童、打嗑聊天的妇女、晒太阳下棋的老人,与搬运货物的工人、吆喝的小贩等混杂在一起,形成了特有的商居氛围。

二、租赁聚居形式

(一)地缘性小家庭聚居形式

　　中国几千年来的农耕社会延续着血缘性的家族聚居形式,以世代相传的土地作为整个家族安身立命的资产,而且通常几世同堂相邻而居,形成了一种相对封闭的聚居状态。正所谓"有土斯有财",土地是一个家族的生产资料。这种牢固的土地观念,使人们对土地的价值产生较深的崇拜并影响其居住观念。家族以血缘为纽带,在一定的社会区域内生长,而一个聚落一旦形成,其生活模式很难变更。在这里,人们遵守着严格的社会等级秩序和儒家所倡导的"长幼尊卑"的伦理观。传统聚居观念讲究秩序与阶级差异,并且通过一定的民居布局来强化空间秩序。这种受血缘制约下的家庭形式常常以联合式或主干式家庭为主,受家族统治的限制。至20世纪初,自然农耕经济发生动摇,导致人们的谋生方式发生改变,从而使大家族逐渐解体,逐渐形成新的伦理、道德和价值观,进而农耕社会的同一族姓的血缘居住形式转向近代社会中不同族姓的地缘性聚居形式。

　　所谓地缘性居住,主要是指在一定的地域范围内,以同乡、故土观念相互交往,排除血缘的居住生活方式。这种居住形式依靠社会关系而存在,常常与经济有关,是社会发展进程中的必然阶段。社会交往层次的增加使人们的行为逐步向社会化过渡,也使人们摆脱原来的家族经营机制,小家庭的联合经营方式逐渐成为主体。近代城市生活中,小家庭性的手工作坊、小型商铺、杂艺杂耍、工匠工人都比较常见,他们常常会选择同乡成为生意伙伴,通过集族而居、聚乡而居的方式联合经营生产,扩大聚居领域。近代里院居住的人多来自河北、山东、山西、河南等省,他们聚居在铁路附属地之外的傅家甸,由于都来自北方汉文化的核心区,其生活习俗、伦理观念又相近,而且初至哈尔滨之时,他们相互帮助和创业,因此采用聚族而居、集乡而居的方式。

传统农耕经济强调自然节律,尊重自然规律,而近代经济则很大程度上摆脱了人对自然的依赖,从某种程度上说,也摆脱了对人力的束缚,使得封建家长逐渐失去了对家族的掌控能力,而这种经济更适合小家庭的生产方式。近代道外里院多为小家庭居住形式,人员多来自关内移民或是中东铁路修筑人员。19世纪末,由于自然灾害、战乱等因素,关内很多人拖家带口来到哈尔滨谋生,这就是传说的"闯关东",同时,中东铁路的修筑需要大量劳工,很多人也因此背井离乡。这些人多数选择在道外地区落脚,从事农业或商业活动,成了道外地区最早的民众。这种城市型的集居方式很快被社会认同,不只是哈尔滨的里院住宅,还有上海的弄堂,天津、武汉等地的里弄,一时间都成为进城的破产农民和大批移民的主要居住形式。

(二)房地产模式下的租赁居住形式

商业化是近代社会转型的主要动力,近代道外地区随着中东铁路修筑、开埠通商及大量资本的进入,逐渐成为民族工商业发展较为迅速的地区,这些因素也刺激了房地产事业的飞速发展。大量资本家纷纷投资买地,大量招工,一时间建筑业很是兴盛。近代哈尔滨房地产发展状况如图5-20所示。一般来说,房地产商通过购买土地,开发房产,也就是建筑房屋,通过租赁或出售房屋获得租金,回补土地的利润,使得土地升值,之后再将租金投入第二轮房地产开发,这与现代的房地产模式有相似之处。一次房地产经营的利润可达三成以上,远大于其他经济形式获得的利润,这也促进了房地产事业的蓬勃发展。

(a)1902年政府发放土地价格　　(b)1902年哈尔滨街道建筑工地图

图5-20　近代哈尔滨房地产发展状况[①]

[①]李述笑.哈尔滨旧影:中英日文对照[M].北京:人民美术出版社,2000:20.

市场需求是当时房地产经营模式快速发展的最大动力。19世纪末至20世纪初的近代社会,随着大量农村人口的涌入和小家庭数量的增多,城市人口剧增的压力导致土地价格上涨,正所谓"寸土寸金"。新的住宅形式不可能沿用传统的深宅大院式布局,而应充分考虑土地的利用效率和家庭规模小型化的要求。同时,近代道外里院居住者多为贫困小家庭,他们无力购置大量房产,房地产商建造的房屋对于他们而言比较适合。为迎合道外民众的购置力,房地产商在设计里院住宅时十分注重经济成本,力图在有限的用地范围内布置较多的居住空间,增加建筑密度。道外里院住宅选用院落式布局,部分原因是出自低层高密度的考虑。学者尚廊、杨玲玉曾对院落式布局和行列式布局进行密度对比研究,他们选用同一地块,取南北方向折中比例布置合院,一种方式为中间庭院,四周建筑,其建筑与庭院面积的比值为7:3;另一种方式为中间建筑,四周庭院,其建筑与庭院面积的比值为3:7。通过这样的比较可以看出,院落布局对于提高建筑密度是相当有利的。为了进一步扩大建筑密度,居住单元以小开间、大进深为特征,以瘦长矩形平面为主。

近代"里"式住宅一般采用"统一设计、统一建造、统一出售"的模式,房地产商会考虑生产周期等因素,最大限度地保证经济利益。这种完全市场化的体制是当时经济形式转变的适应性抉择。在近代道外地区,无论是店铺、客栈还是茶馆、妓院,或是医院、学校,都选择用里院住宅的形式。从某种程度可看出,道外里院住宅能够迎合多种建筑类型的需要,是一种普遍而通用的居住模式。

整个房地产交易过程存在多种角色,有房地产商、业主、包租户、住居者。其中房地产商主要负责购置地皮、兴建房屋,之后由业主购买,或房地产商自持房屋,获得房屋的产权,接下来就由住居者购买或租赁。由于出入里院的人大都是低收入阶层,他们无力购置房产,加上人口流动性特别大,所以道外里院的经营模式一般以租赁为主。基于这种情况,房屋产权持有者通常将居住单元均质化,每个房间控制为15~20平方米,每月收取一定租金,并雇用当时所谓的"包租户"为其收取各类费用,如押租、小租、装修费、维护费等。

三、大院式居住方式

(一)大院式空间居住习俗

对于中国传统民居而言,院落是其不可或缺的元素。所谓的"庭院深深深几许",无疑是传统居民延续的一种居住情结。以院落"虚"来组织房屋的"实",是传统建筑延续的手法。以院落单元为点,通过轴线连接,形成纵向和横向的空间序列,同时也使得建筑群落中各个单体的交通、功能、结构上形成一体。院落布局是传统大家族家庭的最自然和最适应的居住形态,这与当时的社会生活一拍即合。

近代哈尔滨道外地区处于大陆边缘文化,虽然远离正统的中原文化,但仍沿用中原传统的院落布局。中原传统的院落采用毗连型布局,相对宽敞;而道外里院大都采用紧凑布局,只有少数采用毗连型布局。除了自然性适应因素外,中原传统合院式居住方式对其同化作用也不可忽视。再加上道外里院住居的人多来自关内移民,他们身上有着深厚的传统文化烙印,即使远离汉文化核心区,其合院式居住习俗也被传习而来。与其他"里"式住宅小而窄、进深不足的天井相比,道外里院的院落方而大,进深相对较深,光照充足,这也是道外里院区别于其他"里"式住宅的主要特征之一。

道外里院整体格局沿用传统院落式布局,通过院落单元,以街区为限定因素有机组合,形成整个道外旧城区的城市肌理。虽然里院院落空间尺度大小不一、形状各异,但通过街巷用地的限制统一于整个群落中,有着相同的空间尺度感,这也是房地产经营机制下的灵活适应。对于道外里院群落而言,里院的空间组织、功能容纳、结构特征等是相似的,都以惯用的手法或传承的做法来处理,这受自然条件和文化条件及人们的心理习俗等因素制约。因而,道外里院群落是一种整体意向的营造,这种大院式的居住方式是一种普遍的状态,它是传统合院式居住习惯的心理定式的外在呈现,是中原移民骨子里的居住情感,是中国式居住观念的延伸。

(二)大院式空间居住行为

传统院落空间尺度合宜,能容纳住居者多元的日常居住生活行为。一是院落空间通常采用围合,有一定的遮挡措施,能够满足家庭的防卫和私密需要;二是院落空间相对宽敞,能够为居住者的劳作、家务等多种生产行为提供场所;三是院落空间能够调节局部微气候环境,改善相对空间质量,居住者可以进行健身、游戏、休憩等多种活动,能够满足人们的休闲需要;四是院落空间因其尺度比较大,很多住居者喜欢在院落中摆宴交友,能够满足人们的交往需要;五是院落中可布置假山、花池、树木等景观,满足人们观赏自然的需要。这种延续至今的居住方式影响着世世代代的中国式居住形态。

对近代道外里院而言,院落中布置的水龙头、厕所等公共设施和花坛水池等休闲设施能够满足人们的日常生活需要,而居住单元能满足人们的居住生活需要(图5-21)。这方院落包含居住者的生产、分配、消费、生活、交往等多重居住内容,是传统合院式住居方式的近代延伸。哈尔滨人在提及道外时总谈到"洋楼、老街、大院、圈楼",可见,"大院"是道外里院的典型性特征之一,大院的生活方式也深入人心。

(a)北五道街33号　　　　　　　　　(b)北二道街18号

图5-21　道外里院居民的生活氛围

近代哈尔滨道外里院不仅仅可以满足家庭生活的需要，也能满足社会生活的需要。如前所述，近代哈尔滨道外里院是"下店上宅"的商住混居模式，将商业功能纳入居住功能，扩大了人们的社会生活的范围。道外里院沿街部分为商铺，内院部分为住宅，二者互不干扰。由于院落尺度相对较大，一般将部分货物存储于院落中，这也是商业社会活动的外延；同时，近代道外里院也容纳了道外民俗化生活内容的场所，很多茶楼、戏楼、烟馆甚至妓院等场所选择道外里院作为其经营场所，因为相对其他建筑形式而言，道外里院空间能容纳更多人进出，满足很多大型活动的需要。这主要是缘于道外民众的享乐意识，西俗化的生活方式作为文化附属物渐次传入道外地区，民众在好奇心理和崇洋心态的驱使下，逐渐接受了这种西俗化的社会生活内容；而道外里院作为道外民众最普遍的居住形式，在这种情况下，西方化的生活方式也逐渐进入人们的日常生活中。

第六章　近代道外里院居住形态的自然适应性

从形态学的视角来诠释道外里院的居住形态，主要有两个层面，一是具体层面上的物化表征，二是抽象层面上的演变逻辑。其中，第一层面的内容已经在前文论述过，以实体层面和非实体层面的要素为基点，循序渐进地捕捉里院居住形态的物化形式与结构特征，也为下面阐述抽象层面上的演变逻辑埋下伏笔。

以近代"里"式住宅为例，随着西方势力的强势介入，传统的中国式居住观念随之改变，开始注重住宅的立面式表达，将西式构图、装饰构件引入，而在居住模式上则继续延续合院式住居，无论是南方独院天井还是北方大院住宅。"里"式住宅这种因外力介入而产生的变革，是近代社会关于居住问题的实践之一，也是国内外学者研究的重点。里院住宅是近代"里"式住宅在北方的延伸，其演变遵循着一般居住形态演变的基本规律。我们将以道外"里"式住宅中的里院为研究对象，主要从自然和文化两个方面解释里院的系统性变革的内在机制和逻辑。

里院居住形态的自然适应性主要体现在里院实体空间形态对自然的适应性上。正如建筑的基本问题之一源自如何在人与自然之间寻找构建一个立足点，亦如海德格尔（M. Heidegger，1889—1976）所说"建筑的本质是让人安定下来"，这是建筑的本意，是建筑之于人与自然的使命。梁思成先生曾说，"建筑之始，本无所谓一定形式，更无所谓派别，……只取其合用，以待风雨，求其坚固，取诸大壮，而已"，这是建筑对自然最原始、最本质的初衷。自古以来，自然地理要素始终制约着人们的聚居、营建、生活等。因而，建筑的形式应该不仅仅是一种表层特征，而应该反映出气候的信息、地理的信息、技术的信息及深层次的文化的信息。

自然因素涉及地理地貌、气候等不同方面，不同的地域条件下的自然因素也不尽相同，而影响哈尔滨道外近代建筑形态的自然因素主要有以下两个方面。

1. 地形地貌

哈尔滨地处松花江中上游，主要地貌为松花江及其支流的河漫滩、河流阶地以及冲积台地,这些地貌构成了松花江的冲积平原地形。整体地势自东南至西北倾斜。据记载,道外沿松花江以南一带地势低洼,沼泽、水泊等纵横。所谓"水处者渔,山处者木,谷处者牧,陆处者农",自清初期便有渔民在此捕鱼为生,在开埠之前,哈尔滨只是"依江傍岸的小渔村"。"到清末,哈尔滨网场的贡鱼才终止,只是留下一处鲤鱼圈(今道外的工人体育场旁)遗址,成为历史的见证"。

2. 气候特征

哈尔滨相对中原城市而言,地处较高纬度,因此冬季气温相对较低,而且持续时间长达半年之久。自当年10月至次年3月,哈尔滨冬季的平均气温均在零摄氏度以下,降水极少,气候严寒干燥,属典型的寒地气候。冬季昼短夜长,日照时间短,而且每当冷空气来袭,常引起温度剧降,并伴有大风雪,影响城市交通和居民户外活动。夏季湿润温热且降水丰富,但持续时间较短,一般为两三个月。春秋两季的持续时间也不长,气温多变,干燥多风。哈尔滨全年盛行南风和西南方,除受大气环流影响外,特定的地形条件也制约着主导风向。

1898年中东铁路开始修筑之后,北方大量省市的移民移至哈尔滨,他们中多数为中东铁路的筑路民工和"闯关东"过来的关内移民。他们最初选择的落脚点便是傅家甸,首要解决的问题便是住居问题。中原与哈尔滨虽然同属中国北疆,但中原地区地处平原,气候相对温和,而哈尔滨地区地势低洼,气候寒冷,属于典型的寒地气候。面对如此不同的地形、气候等自然因素,传统住宅显得有些不合时宜,虽然沿用了中原的院落式格局,但在应对自然气候时也做了适应性调整。不同的自然环境必然影响住居形式的变化,根据影响范围和作用时间的差异,可以从宏观适应性布局层面、中观微气候营造层面及微观构造层面上解析里院住宅如何与自然相适应,如何应对自然气候。这点正好契合了奥戈雅关于建筑与气候环境之间的"平曲线"(图6-1)。这几条"平曲线"定义了各个层面上的建筑调控环境舒适度的平衡关系。

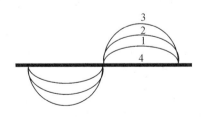

1—室外气候环境;2—微气候调节;3—被动设计;4—室内环境舒适度。

图6-1 奥戈雅"平曲线"

第一节　宏观群落布局组织

建筑适应自然在宏观层面上主要体现为选址、群体组合方式及群落布局形式。自然的光照、风、温湿度及降水等气候和地形地貌等环境因素决定着人类的生活方式和范围,对其人类只能适应而非改变。建筑作为人类的"庇护所",对自然气候的最佳态度就是顺应,即适应有利因素,回避不利因素。

近代哈尔滨由于中东铁路修筑将其分为铁路附属地与非铁路附属地两种异质肌理,铁路附属地的住居人群多为中东铁路的官吏、工程技术人员、职员等,处于城市上层阶级,其规划管理多为俄国人,不允许随便进入或住居;而道外则多为关内移民或中东铁路修路工人、商贩、街头艺人等城市中下层人员,他们的居住环境只能在铁路附属地之外的道外,由此,里院的选址不是由于自然因素,而是文化因素的必然性选择。最初,道外里院的整体格局的形成与地理环境也有一定的关系。虽然里院沿用中原传统的院落式布局形式,但在传入哈尔滨道外之后,结合寒地气候,其布局形式也做了相应调整,这既能体现对寒地气候的适应性逻辑,也能充分反映中原传统文化对其的同化作用。

一、群体组合形式

一般来说,合院民居的群体组合形式分为两种,即分散式和集中式。分散式是指建筑间并不相连,独立成房,围绕中心庭院或景观而成;集中式则指建筑间通过廊道相连,布局相对紧凑。相对而言,集中式布局比较适合北方的寒冷气候,因其能相应减少建筑外界面与外界环境接触的面积,某种程度上能减少建筑的散热量,提高群体的保温能力。

哈尔滨地处北疆,属于典型的寒地气候,冬季长达半年,而夏季仅有两三个月,因此在民居的空间布局上首要考虑的问题是保温,而非隔热。道外里院多由四幢或两三幢二层或三层的楼房围合而成,呈"L"形、"U"形或"回"字形。相对而言,中原传统院落格局虽然也是毗连型布局,但单体之间相对疏离,以抄手游廊将单体连为一体,院落开敞宽松;道外里院大都为封闭内向布局,外廊的尺度相对较小,院落紧凑而集中。里院的布局形态规避了中原院落中不适应寒冷气候的问题,是中原传统院落形式适应寒地气候的物化表征,主要体现在以下两个方面。

(一)围合集中组织

近代道外里院的格局组织受东北传统民居的影响,采用较为封闭内向的集中院落式布局,这种布局利于形成局部微气候,改善院落的气候环境。哈尔滨属寒地气候,冬季寒冷而夏季温热,因此,在考虑建筑气候适应性的方面时可侧重冬季,从减少热损失和抵抗寒风影响角度来考量。里院住宅的外墙都比较封闭,临街墙面上开较小的窗,甚至不开窗户。四周高大的围墙能够减缓一定的风速,使内部的开敞庭院免受寒冷空气的侵入,保证居民冬季活动的需要。同时,紧凑的体量组合使得人们可以迅速地通过外廊、楼梯等联系空间到达住宅内部,有效地减少了与外界寒冷气候接触的时间。

　　道外里院选择围合集中组织方式还出于减少围护结构外表面的考虑。据统计,常见的平面形式中,以圆形平面外界面表面最小,其次是矩形,最后是多边形;从平面组合来看,集中组合平面比分散平面的外界面面积相对较少。不同平面形式的外表面差异如图6-2所示。由此,平面规整、形体简单且紧凑组合的布局形式,是减少外界面面积的一种策略。里院的"L"形、"U"形或"回"字形布局,是单体外界面直接围合而成,而非通过廊道组合而成,这样的围合方式能够最大程度地减少暴露于寒冷气候下的外界面面积,同时以单面外廊取代传统院落中的双面抄手游廊部分,也在一定程度上减少了界面面积。这样做的目的是避免建筑被寒风带走过多热量,有利于减少散热;采用围合院落布局的基础上,尽可能增大进深以减少体型系数,从而减少围护结构外表面的散热。

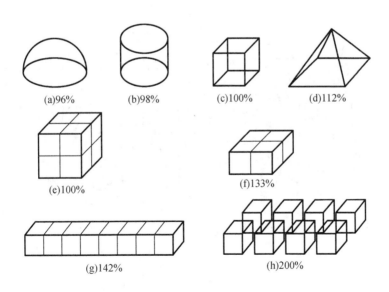

图6-2　不同平面形式的外表面差异

(二)相近体量组合

体量组合是群体空间处理的常用方法。道外里院建筑多为二层至三层,少有五层。里院建筑多为矩形组合,形状较为规整,两幢或三幢建筑毗连而建,里院间常可以通过外廊互相达通,可以有效减少人们与冬季寒冷气候的接触时间。里院两侧多为相近体量建筑,并通过连续的立面来形成整体群落组织关系(图6-3)。相近体量的组合方式,可以避免过低与过高体量间由于风环境作用而在其背后形成风速涡流区。在冬季,风对居住形态的影响是很大的,能进一步弱化居住者对寒冷的忍耐度。在室外环境情况下,当风遇到较高体量的阻挡时,除了大部分向上和侧穿之外,少量风量沿建筑迎风面改变方向,形成气流停滞点。部分气流沿着迎风面向下吹,在建筑背后形成涡流风,这样会造成附近活动人群的不舒适感,更不利于冬季人们的室外活动。本章以道外里院为模型,以不同体量组合为变量,通过ECOTECT(可持续建筑设计及分析工具)对其进行风环境模拟。哈尔滨常年盛行南风和西南风,冬季主导风向为西南风,最大风速为19.9米/秒,年平均风速为3.8米/秒。在ECOTECT下的WINAIR软件中将风速变量设置为12米/秒,风向为西南,通过二层体量与二层、三层、四层、五层体量的组合方式,对室外冬季风环境进行模拟(图6-4)。从模拟图可以看出,随着建筑体量间差距变大,建筑背风向形成涡流的范围就越来越大。

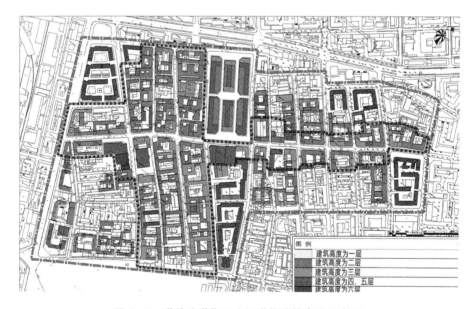

图6-3 道外头道街至十四道街建筑高度示意图

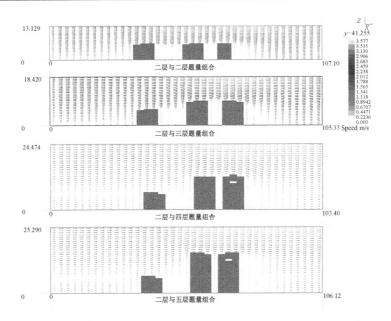

图6-4 道外里院体量风环境模拟图

此外,相近体量组合还能够减少建筑外围护界面与外界环境接触的面积,减少围护结构界面的热损失。由于哈尔滨的冬季漫长,日平均气温较低,且日照时间短,因此减少表面热损失对建筑来说至关重要。本章在前述模拟的基础上,对不同体量组合的里院住宅进行太阳辐射热模拟,选取一年中日照时间最短的冬至日,模拟最低日照辐射量下的不同组合形式的界面热辐射情况。从模拟中可看出,随着建筑体量差距的增加,相近界面的热辐射量会相应减少。

二、群落布局方式

建筑布局方式是否合理,取决于它对自然气候的适应性和局部微环境的调节能力。在布局方式的选择上,自然环境中的风、太阳辐射、日照等都是不可忽略的外在因素。哈尔滨属寒地城市,其建筑布局在应对寒冷气候时,保温是其主要途径。本节将从布局方式的朝向和间距两方面,解释道外里院群落形态对寒地气候的适应性。

(一)朝向

朝向是指主要房间所处方位,其主要影响因素为太阳辐射和风。一般而言,住宅在朝向的选择上多以向阳为原则。通常选择南向或东南向,争取较多日照;避免西北向,尽量减少寒风对围护结构的热能渗透。对于处于严寒地区的建筑而言,尽管东北地区有将近半年的寒冷期,但大部分地区日照辐射比较强,除了减少向外散失热量外,适当吸收太阳辐射也是一种适宜策略,尤其是南向和东南向。调整建筑朝向,可有效利用太阳辐射能,弥补建筑外围护界面过多散热引起的失热量。一般选太阳入射角的方位,也就是偏南方向为建筑主要受热界面,若建筑吸收辐射的热量大于散热,则建筑的保温性能相对良好。如图6-5所示,夏季太阳光线与建筑外界面间夹角较小,太阳辐射进入建筑的深度和时间也较少,因而界面受到的太阳辐射热就相对较少;而在冬季,太阳光线与建筑界面间夹角增大,对于南向界面而言,无论是太阳辐射的深度还是时间都相应增加,提高了建筑的热工性能。在选择建筑朝向时,还应尽量做到使南向受热界面足够大。因而,一般选择南向或偏南向作为冬季获得日照量较大的朝向。同时,尽量避免界面上不必要的凹凸变化,以减少建筑自身阴影对建筑吸热的影响。

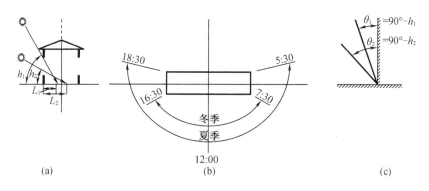

图6-5 冬夏季建筑物受日晒情况示意图

此外,朝向的选择还要考虑当地的主导风向。这主要是因为主导风向会直接影响住宅的冬季热损耗和夏季热通风。南北方在对待主导风向上有较大差异,因为南方温润潮湿讲究住宅通风,而北方寒冷干燥讲求住宅保暖。在寒冷地区通常让主要房间迎着冬季主导风向,避免冬季寒风带走住宅表面的热能,降低热损失。而且,朝向尽量不选择北向,不仅是因为北向在冬季较难获得日照,更是出于住宅热工性能的考虑。近代道外里院虽是自发形成,但朝向均与哈尔滨冬季主导风向和太阳辐射有关,以南向和南向偏东作为布局的主要朝向。高大厚重的背立面阻挡了西北风的侵袭,正立面则获得的较佳的日照和采光量。根据对道外北头道街至北四道街之间的里院住宅统计,南向为主或偏南向的里院占整个群落半数以上,其余则为东西向(图6-6)。

这些朝向不宜的住宅多出自当时房地产商"见缝插针"的随意建筑,以牺牲日照采光来获得建筑密度的增大,不属于里院空间形态对气候适应的表现,而出自经济上的考虑。本节以道外北头道街至北四道街的里院群体为模型,通过 ECOTECT 和 WINAIR 对其进行风环境和热环境分析(图 6-7)。在风环境模拟过程中,选择冬季的平均风速为 12 米/秒,选择风向为冬季的主导风向西南风,对里院群体进行 1.5 米和 4.5 米不同高度处风速和风向矢量进行模拟与分析。从模拟中可以看出,在一层活动区域内(1.5 米高度处)里院住宅的室外环境风速基本为零,风向主要为西南风,在建筑间或院落内风向有所偏转。在二层活动区域内(4.5 米高度处),室外环境风速增加,但都控制在 3.5 米/秒的风速之下,仍在人体可接受风环境舒适度范围内。风向也主要延续西南风,但在建筑背风面出现局部涡流现象;在光环境模拟时,选择冬至日为时间点,里院群体进行模拟,从图中可看,虽然里院朝向多数为偏南向或东南向,但是由于布局过度紧凑集中,除临街界面和稍大尺度院落界面外,受热界面的面积还是相对较少,热环境性能不是很高。

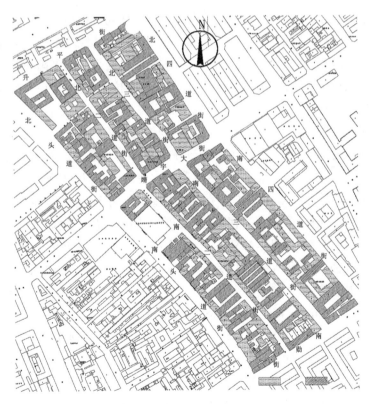

图 6-6 道外北头道街至北四道街大院朝向图

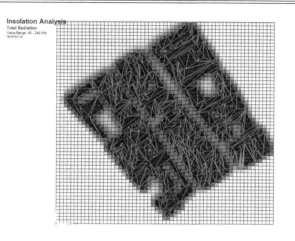

图 6-7 道外北头道街至北四道街里院群体热环境模拟图

(二) 间距

不同地域、不同气候对间距的处理方式也不尽相同。在高纬度的北方地区,气候寒冷,太阳入射角较低,为了获得较多的日照与采光,建筑间距通常较宽,院落开敞松散,厚重而密实;随着纬度逐渐变小,南方的气候变得湿润多雨,建筑间距对日照的需求逐渐让位于遮阳、通风和散热等方面,间距拉近,院落狭小而高深。

近代道外里院住宅以传统院落住宅为原型发展而来,但又不似传统院落宽松的格局。传统院落住宅占地面积较大,建筑间距比较宽,相对松散,这种格局适合北方寒冷的地区,适当地加大间距有利于获得更多的日照与采光。道外里院自形成初始,虽然布局相对密集紧凑,但尽可能扩大建筑间距,以实现日照时间和面积的最适宜化。就道外而言,南北向窄院占据多数,这种细长的院子能够适当拉大南北向间距,增加日照与采光;东西两侧间距较窄,则主要出于建筑密度的考虑。方院的南北间距也较宽,日照相对充足,但是占地面积大,不适合道外房地产经营模式,数量也不是很多。还有一些宽院,南北向比东西向间距较窄,光照不甚均匀,而且常年处于阴暗之中,这些里院多是出于因地制宜。虽然道外里院布局紧凑围合,但适度的建筑间距能够保证建筑所需的日照与采光。

近代里院布局在应对寒冷气候时,除了尽量增大进深以加宽南北向间距,还要兼顾一定的南向界面面积。在维持一定进深的情况下,在面阔方向增加开间数量,而非向四周同时扩展,这主要是考虑到建筑密度与受热界面的平衡。同时,房间对着院落设置大量亮橙子窗户,增加房间的采光与日照时间。

第二节 中观微气候空间营造

微气候是指一定区域范围内的气候状况,也称小尺度气候。微气候环境与建筑之间存在着相关性联系,在同样的大气候条件下,建筑的不同朝向、间距、布局等存在着不同的风环境、光环境、热环境和湿环境等。这种与建筑相关的微气候环境主要分为室外微气候环境和室内微气候环境两种。室外微气候环境是指通过人们活动造成的建筑外部空间层面的自然气候微变;而室内微气候环境是指室内温度、湿度、采光和通风等组成的室内环境改变,直接影响着人们的居住生活状态。人们可以通过一定的技术手段,对建筑微气候进行改善,从而获得较适宜的生存环境,而非被动性顺应。这种对室内外微气候空间环境的营造,正是建筑适应自然的中观层面上的体现。

一、室外微气候空间

建筑外界面是建筑接触外界环境最多的地方,设置一定的气候缓冲区可以大大缓解建筑主体的环境压力。处于建筑主体与外部环境之间的气候缓冲区域主要指院落空间,它们可以在一定程度上减弱外部环境各种极端恶劣气候对建筑的影响,也能提供良好的微气候环境。院落空间的塑造营建是建筑外部微气候调节的主要内容。

(一)院落微气候空间

梁思成先生曾讲过,"小至住宅,大至城市,我们的空间处理同欧洲系统的不同,主要在院落上的利用"。尽管广布各地的院落空间形态各异,但均能"上通天,纳气迎风;下接地,除污去秽",同外部自然相关联,这也是院落空间的共性——承载气候的调节容器。院落空间布局具有一定的气候调节机能,通过院落开口的大小、高低、开合程度,既能适应北方对日照、防风的需求,又能满足南方对遮阳、通风的需求。

哈尔滨地区冬季天然的取暖方式就是阳光,它具有强烈的热辐射能,能够提高温度,是寒地城市重要的热能供给,阳光能给人带来温暖的感觉,人如果可以尽可能多地获得日照,短时间在户外活动也是可以的。院落空间对寒冷气候具有一定的缓冲调节功能,外界气候的冷空气通过院落空间时被逐渐削弱,呈现出一定的梯度变化。院落空间对寒地微气候调节因空间尺度和围合方式而异,不同尺度、不同围合方式下的院落空间会产生不同的室外微气候环境,也会影响室内环境的舒适度。

长达半年的冬季增加了建筑的热能耗损,而伴随而来的寒风异常强烈,除了将建筑热量迅速消散之外,还带来了大量降雪,因此建筑的防风设计也是不容忽视的。对于严寒地区而言,院落空间中的遮蔽空间取决于风向与日照的关系,应尽量将其安排在日照强度大且遮挡寒风效果最佳的位置上。哈尔滨地处季风带,冬季大部分时间受西北冷空气控制。近代道外里院院落开口多为北向或西北向,偏离冬季主导风向,能够很好地阻挡寒风侵袭。有些大院均用玻璃罩起来,满足采光、保暖及防风的要求,使得院落内部形成独立的气候过渡区。当然,这种形式在当时道外极其少见。

院落空间还能够起到一定的通风散热作用。虽然寒地城市的夏季短暂,但室外温度相对人体舒适度来说还是过高,空气相对闷热。道外里院与松花江较近,夏季院落中炎热的空气经过松花江而来的凉风进入居住单元,凉爽而舒适。

1. 空间尺度

一般来说,在平面尺度一定时,空间高宽比决定着院落空间的调节功能。若高宽比相对较大,院落空间成窄而高的内天井式,使得冷空气下沉,热空气上升,利用热压差从而降温遮阳,缓解过于炎热干燥的天气;若高宽比相对较小,院落空间成宽而低的大院形式,使得院落内得到充分的日照,对于应对寒冷气候是极其有利的。

道外里院沿用传统院落空间形式,多配置公共生产生活设施和景观,是人们户外活动的主要集中点。如第五章所述,道外里院根据空间尺度将里院院落分为宽院、方院和窄院三种。以临街面一侧作为院落面长,以垂直街面一侧作为院落面宽,根据长宽比来分类定义。若院落长宽比为 1.5∶1 以上,宽而扁,称为宽院;若院落长宽比为 1∶1 左右,呈方形,则为方院;若院落长宽比为 1∶0.5 以下,呈窄而长的趋势,则称为窄院。道外里院空间尺度示意图如图 6-8 所示。道外里院大部分多为宽院形式,即便太阳入射角低,但也能保证有足够的阳光直射;同时,这种大进深的院落能减弱寒风的侵袭,保证居住者室外活动的舒适度。本章以道外里院单体为模型,通过设定不同长宽比为变量,对里院住宅院落空间的风环境和热环境进行了相关模拟(表 6-1)。可以看出,在风环境模拟过程中,院落空间围合感越强,相对尺度越小,对室外风的抵抗力就越强。而且在同一空间尺度下,随着建筑高度的增加,室外风环境的风速会相应增加;在热模拟过程中,院落空间的尺度越大,其受热界面也越大,相应地会提高太阳辐射热的吸收程度,补偿热损失。

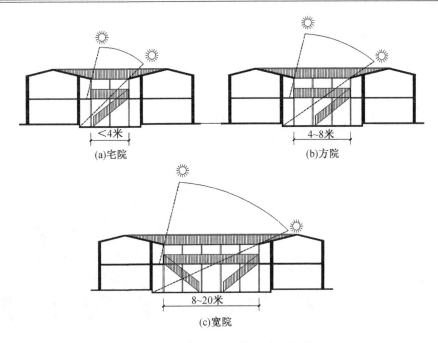

图6-8 道外里院空间尺度示意图

表6-1 道外里院不同空间尺度模拟图

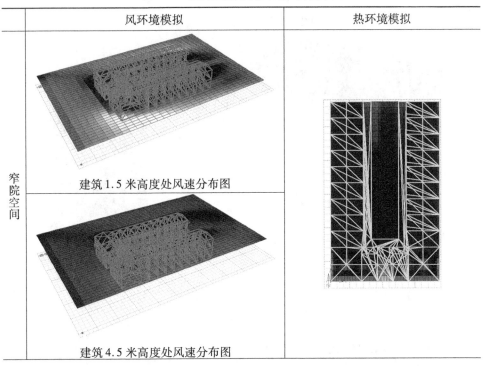

表 6–1(续)

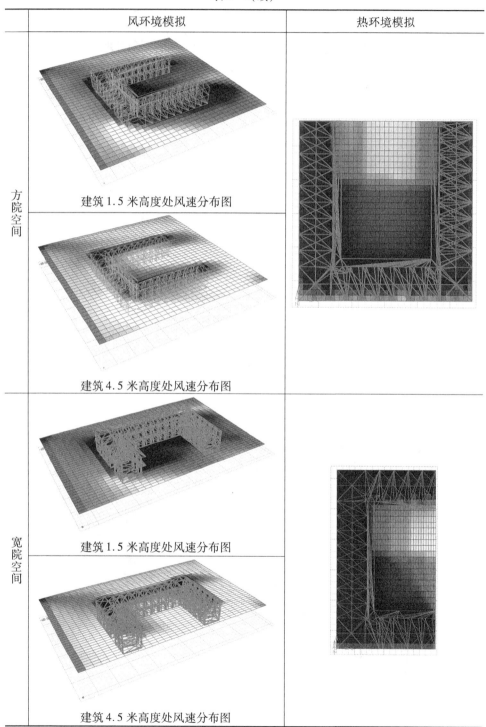

2. 围合方式

从围合方式来看,道外里院分为两面围合、三面围合和四面围合。其中,两面围合的布局形式多为"L"形,三面围合的布局形式多为竖向"U"形或横向"U"形,而四面围合的布局形式多为"口"形。围合方式的不同会导致微环境的差异。在相同尺度下,不同的围合方式会导致空间与环境临界面的差异,对于外界气候的抵挡或吸收也会有所不同。近代道外里院多数采用三面围合布局方式,对于太阳辐射的吸收、太阳光线的采纳以及冷风的阻挡比较适宜。本节同样以道外里院单体为模型,在相同院落空间尺度下,以围合方式为变量,对里院住宅院落空间进行风环境和热环境的模拟(表6-2)。从表中可以看出,在风环境模拟过程中,四面围合形式对风的遮挡效果是最好的,其次是三面围合的竖向"U"形,再次是三面围合的横向"U"形,最差的是两面围合形式。这说明在同样尺度下,围合界面越多,空间的抵抗能力越强;在光环境模拟过程中,两面围合对于太阳光线的吸纳效果是最好,其次是三面围合的横向"U"形、三面围合的竖向"U"形,最差的是四面围合形式;在热环境模拟过程中,同样是两面围合形式对太阳辐射的吸收程度是最好的,与光环境模拟的次序一致,这说明在相同尺度下,围合界面越少,空间的吸纳能力就越强。

表6-2 道外里院不同围合方式模拟图

	风环境模拟	热环境模拟
两面围合院落空间	建筑1.5米高度处风速分布图 建筑4.5米高度处风速分布图	

表 6-2(续1)

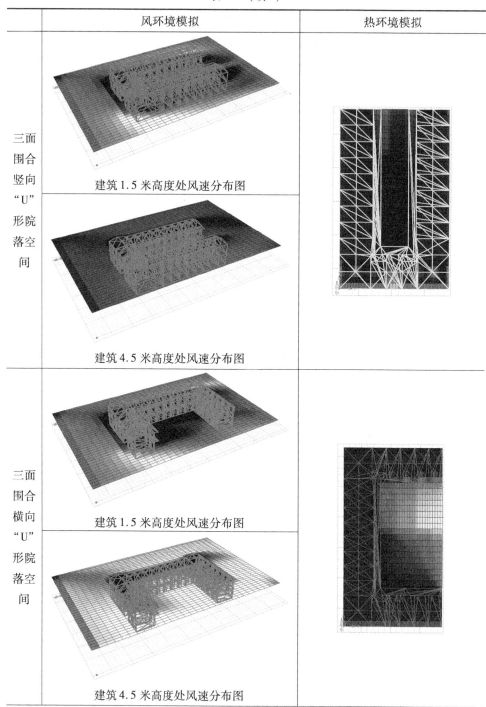

表 6-2(续 2)

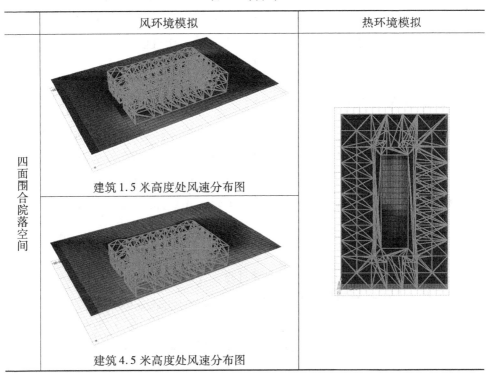

风环境模拟	热环境模拟
四面围合院落空间 建筑1.5米高度处风速分布图 建筑4.5米高度处风速分布图	

总之,院落空间在建筑内部与外部之间构筑了一层可以缓冲调节的区域,既能最大程度地减弱恶劣气候的影响,又能改变建筑外部的微气候环境。道外里院沿用传统的院落空间,其多面围合的封闭界面能有效阻挡寒风侵袭,其顶部界面的露天既当作通风口又当作阳光入射口,通过热压和风压获得足够的通风与日照。

(二)外廊微气候空间

除了院落公共空间外,廊空间也是微气候环境调节的一部分。廊空间是建筑主体与外部环境之间的过渡空间,日本建筑师黑川纪章曾将其定义为"灰空间",它们在建筑内外之间创造了一种连续性,能够避免建筑主体直接接触外界环境,通过调节阳光、风力、降雨或噪声等,营造了一类调节后的外部微环境,是建筑适应气候的形式之一。

首先,设置于建筑与外环境之间的廊空间,能够明显减少建筑外界面的热辐射,改善建筑室内舒适度,以减少外环境的压力;其次,开敞的廊空间利于通风,开敞方式可以带走空气中多余的热量,起到明显的降温作用。对于寒地城市而言,夏季虽然短暂,但气候闷热,廊空间明显的遮阳通风效果能够调节这种局部微气候,缓解外部环境对建筑的压力。但是对于漫长的冬季来说,廊空间的交通联系功能更加实用,它能将建筑单体紧凑结合起来,尽量减少人们在行走过程中与外界气候的接触时间。对道外里院而言,廊空间的出现并非出于气候的考虑,而是出于经济角度。外廊比内廊更能节约交通面积,节省成本。

二、室内微气候空间

将外部环境通过空间介质调节过渡到相对稳定和舒适的室内环境,是建筑师的基本任务,也是室内微气候调节的目标。影响室内微气候的主要因素是外界微气候环境、室内空间组织方式、取暖降温方式及围护结构的热工性能等。人们通过一定的手段,以人体生物舒适度为标准,改善室内物理环境,从而创造适宜的微气候环境(图6-9)。

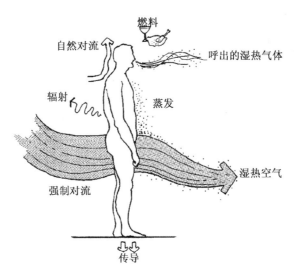

图6-9 室内微气候环境的影响因素①

室内微气候直接影响人们的生产生活方式,以人体生物舒适度为准。一般而言,影响人舒适度的因素包括室内空气的温度、湿度、风速等,这些环境因素的相对平衡能够形成大部分人认可的舒适度区域。不同的人对热环境的反应各异,如图6-10所示,根据美国工程师协会的统计数据,将人们对环境的反应绘制到图表上,虽不能得到准确的点,但可形成一定的区域,这部分区域就是室内微气候环境

---

①向明,宋继红.微气候建设设计初探[J].福建建筑,2010(3):18-19.

调节的目标。从图中可知,在温度20~26 ℃、湿度20%~80%之间被认定为可接受的舒适度。

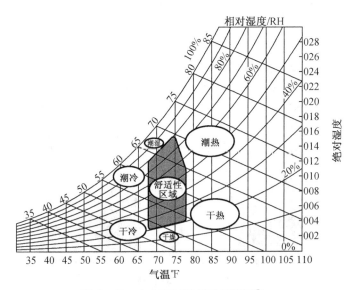

图6-10 室内微环境舒适度指标①

在东北严寒气候的影响下,被动的室内采暖方式已经不足以满足人们的生活需要,只有主动采取一定的采暖方式以应对寒冷的天气,从而形成了独特的室内空间布局。严寒的气候给里院住宅室内空间带来最大的变化就是火炕的普遍使用如图6-11所示。据记载,火炕源于东北,自宋辽时期传入华北,清朝光绪年间《顺天府志》记载曰,"如室南向,则于南北墙俱作牐,牐去地仅二尺余,卧室土炕即作于牐下,牐与炕相去无咫尺",这里的"土炕"即火炕。道外里院早期取暖方式就是这种火炕,正所谓"烧炕做饭一把火"。一些房间也兼用火盆、火炉取暖。火炕一般以砖或土坯砌筑,约60毫米高,与灶台相接,顺炕沿方向砌筑炕洞。当灶台做饭时,余热可以通过烟道和炕洞传至炕面上,且火炕蓄热能力强,散热较慢,适于居住和室内保温。

火炕之所以能改变室内格局,主要是因为"屋内寝具,多筑土炕,天寒着火取暖;其面积甚大,占有半屋,甚至三分之二全成为炕,地几无缝"。火炕于近代里院而言,已不再是简单的取暖方式,而成为室内环境的主要布置之一。由于天气严

---

①吕旭风,张好治.建筑室内微气候对人体舒适感的影响[J].当代生态农业,2005(z1):83-84.

寒,外出不易,东北人养成了"猫冬"的习惯,常常三两一群,围坐于炕上,吃饭唠嗑、绣花打牌,进行着室内的一些娱乐活动。由此可见,寒冷气候成就了火炕的普及,而火炕又影响了室内微气候环境的布局,进而改变着人们的居住习惯和生活方式。

(a)火炕与火盆　　(b)靖宇街39号的火炕

图6-11　室内火炕图①

第三节　微观细部构造节点处理

建筑适应气候的微观层面主要是研究建筑的细部构造节点形态对气候的影响。这一层面受人为因素影响较大,人们可以通过不同的构造形式来改善建筑的微环境平衡,创造适宜的居住环境。

构造是建筑空间形态的表现形式之一。不同气候条件下的民居构造技术有一定差异。风速、温度变化和雪压是构造形式必须考虑的影响因素。英国建筑师拉尔夫·厄斯金(R. Erskine)曾针对寒地气候提出"形式和构造"的理论,指出寒地建筑的节能手段应从最初的控制体形发展到适应气候的形式和构造节点。诸如墙体、屋顶、门窗等围护结构的构造节点及细部处理,都与寒地气候有一定的相适应的特点。

---

①尚廓,杨玲玉. 传统庭院式住宅与低层高密度[J]. 建筑学报,1982(5):57.

一、墙体构造节点

墙体是建筑外围护结构中的重要部分,直接与外部环境接触,是保温隔热的关键结构。近代道外里院住宅中墙体厚重且在围护结构中比重较大,加上寒地对保温防风的重视,因而形成了其独特的构造方法。

(一)加厚墙体

相比中原地区,哈尔滨冬季长达半年,对保温防寒的要求更高,因而,近代道外里院借鉴适应寒冷的满族民居和俄式住宅的墙体构造。一般将墙体做得比较厚实以抵御寒风,其中满族民居的墙体一般为 400～500 毫米,而俄式住宅的墙体为 600～700 毫米。里院墙体厚度多为 300～600 毫米,由几种材料混砌而成,类似于现代建筑的复合墙体。为了节约用材,沿街外墙两侧为石砌或砖砌,中间采用碎砖、碎石加灌灰浆,这一层就是所说的"保温层",可见当时道外工匠已掌握了墙体保温的构造(图 6-12)。而朝向内院的房屋墙体外侧砌筑红砖,内侧为碎石混浆,其厚度相对较薄,可以节省用砖量。这种复合墙体的做法大大提高了建筑围护结构的保温性能,对于抵御严寒有很大的作用。室内隔墙不承重,且不需保温防风,普遍做得比较薄,一般采用木板墙,也有采用单层砖墙垒砌。

(a)北大六道街20号

(b)北二道街某里院

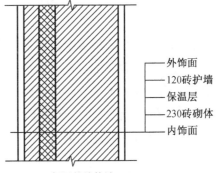
(c)保温外墙构造

图 6-12 墙体保温构造图①

(二)火墙构造

火墙是近代建筑中特殊的墙体构造,是沿用满族民居中早期的取暖方式。火墙多为中空墙体,便于烟火流通。且多与灶台相连,设在炕面上,兼做炕的空间隔

---

①尚廓,杨玲玉.传统庭院式住宅与低层高密度[J].建筑学报,1982(5):57.

断,相当于"采暖笆子"。一些高级住宅只是将火墙作为取暖设备,不设火炉,而近代道里里院多数将火墙兼做采暖做饭之用,在墙体背侧或尽头设置火炉。

一般来说,火墙有吊洞火墙、横洞火墙和花洞火墙三种,其中吊洞火墙是应用最普遍的一种。通常做法为砖石垒砌墙体,厚度约30毫米,其长度、高度视室内情况而定,墙内留诸多孔洞。内侧墙体表面多用砂子加泥,以抹布蘸水抹匀光滑,外部涂以石灰或石膏,这样做使烟道内空气流通无阻,因而升温更快。火炕及火墙构造图如图6-13所示。

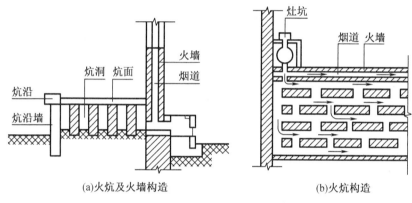

图6-13 火炕及火墙构造图①

火墙构造简单,外观上与普通室内隔墙基本无异,因其散热量大,弥补了火炕供热的缺陷,使得室内温度匀称分布,形成舒适的室内空间。火墙的位置、大小均可随意,有一定的灵活性。如将焖火板盖住后可使火墙维持较长时间的温度,对于寒地相当有利。但火墙也有一定的缺陷:一是耗材量大,通常只能用煤或木材作为燃料;二是需要及时将内部灰烬处理掉,否则灰烬结块会引起不必要的麻烦。

二、屋面构造节点

对寒冷地区而言,漫长的冬季除了有寒风和降温之外,且持续长时间的降雪,这也是建筑中需要考虑的气候条件。大量的降雪不仅降低环境温度,自身的荷载还对屋顶造成了负担,而且降雪的融化对屋顶的防水也有一定的要求。近代道外里院的屋顶多为坡屋顶,且坡度相对中原地区较高,这样做一方面能使积雪在自身

---

①孙洪波,石铁矛,郭洪华.微气候建筑设计方法综述[J].沈阳建筑工程学院学报,2000(3):171-172.

重力作用下较快滑落,避免积雪给屋顶造成压力;另一方面,高坡度能够使融雪沿着瓦沟迅速下落,若屋顶坡度过缓,排水不畅,到了夜间,融雪重新结冰,对屋面更为不利。

里院的屋顶采用满族民居的仰瓦屋面,而非中原传统民居的合垄瓦屋面,这是寒地气候适应建筑的表现之一(图6-14)。若采用合垄瓦,厚重的积雪易落满垄沟,当积雪融化时易侵蚀瓦垄的灰浆,造成瓦片脱落;再加上寒地昼夜温差大,积雪经过反复冷冻后,瓦片变得更脆,更易发生以上状况。里院屋面多采用小青瓦仰面铺砌,瓦面纵横整齐,两侧用两垄或三垄合瓦压边,前接檐廊屋面,两者相连,成为整体,避免交接处的"槽沟"中雨雪水累积,更利于屋面排水。后期沿用西式铁皮屋顶,既能很好地减少雪的压力,还更容易消解积雪融化。

(a)北七道街17号

(b)北大六道街20号

图6-14 道外里院的屋顶形态

此外,一些较大里院的屋顶上还开设老虎窗,以满足通风采光的需要,利于室内微气候环境的创造。

三、门窗构造节点

门窗是围护结构中热损失最多的部分,这些热损失主要包括传热损失和冷风渗透损失。哈尔滨冬季气候比较寒冷,为适应冬季主导风向——西南风,一般将建筑北向开窗洞口设置得较小,以阻挡寒风侵袭,南向窗洞一般开口较大,可尽量多地吸收太阳辐射热,两者相互平衡,以保持室内热环境的舒适度。

近代道外里院多为双层窗,内外双开,朝向内院的大窗上一般设有气窗,便于寒冷气候下的室内通风(图6-15)。门窗的构架多为木材,相对中原地区的单层窗户而言,双层窗户能够形成一定厚度的空气间层,这样做的目的,一是能够在内外环境间形成中央空腔,使得外界较低的温度在传入室内的过程中逐渐衰减,防止产生结露;二是空气的间层能起到很好的保温作用。为了进一步减少冷风侵袭,一些窗户常在外侧加设一层塑料薄膜,这主要是参考满族民居"窗户纸糊在外"的传统做法。这种构造做法是适应寒地气候的产物,因冬季风雪较大,室内外温度相差三十几度,若将玻璃置于外窗棂内侧,猛烈的北风易将玻璃和木窗棂剥离,同时寒风吹透连接处,不利于窗户保温;若木窗棂在外侧,容易产生积雪,甚至结霜,会导致窗棂和窗户的损坏。为防止冷风内渗和减少热损失,门窗多用棉条或牛皮纸封糊(图6-16),也有在门后铺设保温帘子的情况,保温帘子一般用棉、毯子、茅草或牛皮纸等做成,制作方法虽简单,但保温效果显著。

(a)南九道街168号

(b)靖宇街39号

(c)南八道街1号

图6-15 道外里院的双层窗

(a1)

(a2)

(a3)

(a)北七道街17号、15号

图6-16 道外里院的门构造

(b)南八道街174号　　　(c)南九道街168号双层门

图 6-16（续）

　　道外里院的窗户形态各异，以长形窗居多。根据对窗户形态的分析，当窗口面积一定时，窗口的形状不同会影响室内受到日照的时间和面积。以冬季室内的日照情况分析，长形窗更能获得较多的日照时间。道外里院立面上的窗户以矩形居多，且高度大于宽度，也存在一些细长窗组合的窗户及拱形窗、异形窗。这些窗户不但美化了里院的外在形态，也在一定程度上提高了采光量和日照量。

　　虽然道外里院采用砖混或砖石结构，但是外廊部分还是沿用传统的木构架形式，形成了梁架为木、墙体为砖的独特形态。此外，木材是里院最为重要的装饰材料，檐廊的木质栏杆、挂落、楣子以及俄罗斯形式的三层檐下挂板都由木材雕刻而成，这也是哈尔滨近代道外里院的一种装饰形态。

第七章　近代道外里院居住形态的文化演变

里院居住形态的文化演变是指长期居住活动中形成的对空间含义、价值和状态的认知,凝结于空间、时间和思想意识之中,通过日常生活、集体记忆等途径加以呈现,并得以传承。狭义的文化演变指表层次的结构逻辑,表现为居住空间的生产、使用和生活方式;而广义的文化演变指深层次的结构逻辑,表现为居住活动中的价值取向、思维方式。本章针对居住形态的文化演变,主要侧重在广义的文化内涵对居住形态的非实体层面上的影响,涉及经济、社会、风俗、观念等多层面。研究表明,文化的传承和延续是居住形态的灵魂,而文化的差异和适应是居住形态整体优化的动力。居住形态演变过程的文化演变逻辑,不仅作用于物质空间形态中,也作用于人们的居住习惯、生活方式等方面。文化演变的复杂性也使得居住形态呈现出特殊的适应性,反映着社会文化的价值取向,并以物化了的结构图式诠释居住的真正内涵。

1898年前的哈尔滨是只有几处半农半渔的小村落,远离正统文化,属"大陆边缘文化"区域,其文化基础十分薄弱,无论受传统文化还是外来文化的影响,其抗拒力较其他地区都弱得多。传统文化沿袭了几千年,在人们心中已然根深蒂固,道外移民对传统文化的传承发展是一种无意识的集体行为,这是文化深层结构中难以改变的。开埠渗入的西方文化冲击着道外社会的方方面面,大至社会结构、经济基础、价值取向及文化态势,小至家庭结构、居住生活方式,都是其物质表征。

传统文化之所以在道外能够最大程度地延续,原因之一是道外自中东铁路之后被规划至附属地之外,仍由清政府官员管辖。据传,1905年,吉林将军达桂奏请清政府以"哈尔滨铁路通畅,既为贸易往来之中心点,又为权利竞争之中心区,商埠之设诚不可缓"为由,请求自开商埠,其官道署便设于傅家店。原滨江关道与原滨江关署如图7-1所示。"1908年,滨江厅知事何厚琦以傅家店的'店'字含义狭小,遂改名为'傅家甸'"。自早期渔村村落到晚期商埠,道外的管辖、建设、发展等一直处于中国人手中,异于俄国人管辖的道里、南岗两区。因此,传统文化能够反客为主,取代边缘的关东文化,成为道外的主流文化。原因之二是开埠与移民政策。傅家甸最初由傅姓兄弟开设的大车店而逐渐发展起来,原称傅家店。而后中东铁路的修筑及清政府的开关政策使得北方诸省的大量移民进入哈尔滨,他们的落脚处多为傅家甸,后来这里也成为中国人的聚居地(图7-2)。"傅家店者,昔年不过数椽之野屋,近民居约万户,华人谋生于铁路者夜居于此"。由于移民人群多来自中原文化核心区,其居住习俗、建筑习俗等比较相近,而且多为聚族而居的住居形式,客观上为传统文化的传播提供了条件。此外,从社会阶层来看,道外里院住居人群的一大半来自社会中下层,以破产农民、中小业者、外来移民居多,普遍受教育的程度较低。若以从事行为来看,他们多数从事低级体力劳动和经营活动,群体文化多为市井性商市文化和非正统的民俗文化,这些特色的非官方文化也影响并主导着道外里院的形成。

(a)原滨江关道

(b)原滨江关署

图7-1 原滨江关道与原滨江关署①

(a)闯关东移民

(b)中东铁路移民

图7-2 近代道外的移民构成②

①李述笑.哈尔滨旧影:中英日文对照.[M].北京:人民美术出版社,2000:14.
②李述笑.哈尔滨旧影:中英日文对照.[M].北京:人民美术出版社,2000:22.

而外来文化的传入则主要因为近代社会的转型,即以开埠为起点,主动或被动开始"西方化"进程,其社会思想、城市风貌、生活方式以及建筑层面均受西方文化的侵染而发生改变。19 世纪末至 20 世纪初,西方文化由器物层到制度层,再到观念层如潮水般汹涌而来,本土文化经受着前所未有的冲击和考验,社会进入跌宕的转型期。一方面,哈尔滨偏离传统文化的核心区,属"大陆性边缘文化"层面,文化基础薄弱;另一方面,沙俄迫使清政府签订《中俄密约》,窃取修筑"中国东省铁路"的特权,继而又签订《合办东省铁路公司合同章程》和《东省铁路公司续订合同》,将哈尔滨等定为铁路附属地,并规定"勘定路线之时,凡一切坟墓、村镇、城市务宜设法从旁绕越"。沙俄先后获得了铁路沿线地区的行政、军法、贸易等特权,使之成为"国中之国"。西方势力的操控和中东铁路的修筑,促使西方文化迅速流向哈尔滨。中东铁路的修筑既为道外带来了大量的移民,又是西方文化向哈尔滨渗透的主要途径;它打破了哈尔滨地域性的封闭格局,为中西文化的碰撞交流以及整合提供了可能性。而铁路附属地的出现,使得哈尔滨出现两个异质空间结构——铁路附属地与非铁路附属地,在不同政治力量的较量下,其社会机构、文化认同、居民构成等明显相异。异于铁路附属地的直接移植西方文化传入方式,近代哈尔滨道外里院在继承、发展本土文化的基础上,间接地吸收附属地的西方文化,继而进行转型。中东铁路部分工程师合影如图 7 - 3 所示。

图 7 - 3 中东铁路部分工程师合影①

本章主要从经济形式、社会结构及风俗观念三方面,探讨文化演变对道外里院的居住形态的系统性变革的影响与表现。

---

① 李述笑. 哈尔滨旧影:中英日文对照[M]. 北京:人民美术出版社,2000:33.

第一节 经济形式改变

所谓经济形式,是指一定生产力发展阶段内,由该生产力决定的人们经济交往的方式,隶属于社会学范畴。它主要涉及社会生产方式和社会需求方式,不同阶段、不同背景下的经济形式,因社会活动范围与调节形式有所不同。从具体层面上来说,经济活动主要涉及自然经济和商品经济两个基本内容。所谓自然经济,是一种自给自足的经济生产方式,是生产力条件不足和社会分工不明的产物。在我国,自然经济主要指农耕经济,持续时间自东周之后长达两千余年。农业的高度发达与商业的过度萎缩是近代之前中国传统经济的主要特征。所谓商品经济,是以交换为目的的社会化的经济方式,它最早产生于第二次社会分工时期,是资本主义生产关系下普遍的经济形式。在我国近代时期,以开埠通商为契机,商品经济逐渐传入国内,成为社会的主要经济形式。因此,对于近代中国而言,传统经济形式与商品经济形式的双重存在,是其社会转型的主要标志之一。

李大钊先生曾言"经济的变动是思想变动的重要原因",不同地域、不同背景下的经济方式孕育着不同的文化意识形态。居住形态中的居住生活方式与居住生活内容均与经济形式的变革有关,经济形式的不断发展改变,挣脱了旧有模式的束缚,既需要新的物质空间承载,又需要新的行为方式来呈现。对近代哈尔滨而言,1898年之前,哈尔滨仅为几个村落聚居的小渔村,以自然农耕经济为主,而道外作为早期关内移民的聚集地,延续着传统的商市经济模式。之后,随着中东铁路的修筑,哈尔滨被辟为商埠,大量外国商人相继涉足,加速了资本商品经济的发展。这种特定背景下的特殊经济形式状态,也影响着近代社会的"居住文化"。本节主要从传统商市经济形式与新兴房地产商品经济形式两方面进行论述。

一、传统商市模式

自近代以来,人们被迫放弃了之前从事的农耕生产活动或农耕相关活动,改变谋生方式而转至商业、手工业作坊上,这种异于农耕时代的生产、生活方式慢慢改变着道外的居住形态。近代哈尔滨道外是早期民族工商业的发源地,其商业雏形可追溯至1904年。靖宇街是道外出现较早的一条商业街,当时道外是松花江火轮船码头,与火车站相接,水陆交通堪称方便。

里院住宅多为商住或商用,在经济形式上延续着传统商市模式。商市、居住和生产等多重空间相结合是里院区别于传统合院住宅的显著特征之一。其主要体现在：在群落格局上，里院采用传统市井的街巷布局；在空间模式上，采用"下店上宅"的商住混合模式，注重商市氛围的营造。

（一）群落街巷式布局方式

哈尔滨道外里院建筑群落的形态构成，显示了中国传统街廊的"城—街巷—街坊—院落—屋"的空间层次逻辑性。中国传统城市的街廊主要由粗放型街道与自发型街巷相叠合，多为鱼骨形或"井"字形的格局。街与巷是城市居住形态的物化框架，"街"多为城市空间的控制线，而"巷"则为街区空间的尺度线。随着商业功能的增加，街巷之间的尺度关系也在微妙变化。

传统街巷空间源自宋朝，北宋早期还是沿用古典"市坊制"，但随着商品经济的发展，传统的"市坊制"被打破，坊墙不复存在，住居和店铺直接向坊内开门，这是早期街巷制的雏形。《东京梦华录》中述，"御街以南东西两教坊，余皆居民或茶坊，街心市井，至夜尤盛"。所谓街巷制，即以坊为名，据街巷分段而聚居的生活方式。至元朝时，街巷制的发展已经相当成熟。以元大都为例，以营国制度中的"前朝后市"为则厘定的。都城分五十街坊，不建坊墙，而以干道为界面。自干道上开辟若干巷道，内置住居之坊巷，俗称胡同。街巷两侧广置铺店，以供巷内住户日常生活之需。《马可·波罗游记》记载，"街道甚直，此端可见彼端，盖其布置，使此门可由街道远望彼门也。城中有壮丽的宫殿，复有美丽邸舍甚多，各大街两旁，皆有种种商店屋舍"。明朝南京街市图如图 7-4 所示。

这种基于商业功能发展而来的街巷模式很适用于道外，毕竟道外是哈尔滨早期民族工商业的集中地，如历史上有像武百祥、傅巨山等有名的民族资本家，也存在一些传统的老字号，如老鼎丰、大罗新、亨得利等。19 世纪之前，道外由于缺乏统一规划，完全是在商业活动中自发形成的，极不规整，尽管后来也对其进行修整、建设和下水道疏通等。而自道外开埠之后，工商业逐步发展，地价上涨。滨江厅政府在开埠东四家子时曾规划"按宽长十丈为一方，租给华洋商人，修建房屋，开设生意，按年征收租价"。为了获得较高的土地收益，商人们采用了小街坊、高密度的布局方式，打造成了以靖宇街为街、自头道街至二十道街为巷的鱼骨式格局。靖宇街宽 10 米左右，兼顾商业性与交通性，而其他辅街为 7~9 米，多为商业街或住宅街，两侧店铺住宅密集排列，成带状线型的布局。这种水平延伸的生长趋势也就是商业模式中常用的"一层皮"布局手法。靖宇街两侧的街巷尺度不均，走向不规则，主要是由于两侧里院界面参差不一，加上商业活动的开展，占用街道现象破坏了街巷院落的肌理。在用地紧张和地价昂贵的压力下，沿街商铺只能纵向发展，因此道外里院多狭长，家家相依，紧密排布，呈现"小而窄，多而密"的姿态，这也是注重商业功能实用性的体现。

第七章　近代道外里院居住形态的文化演变

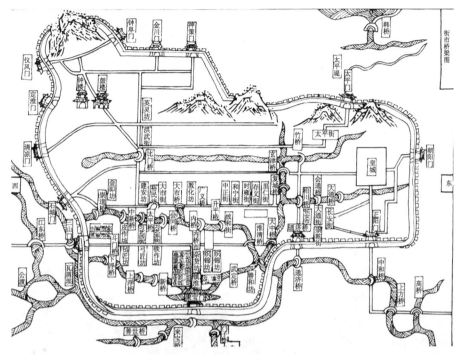

图7-4　明朝南京街市图①

(二)商居混合空间模式

每一种社会结构和经济类型都对应着一种生产生活方式,在传统商业环境中,以家庭为单元的生活方式对应着商住一体的单元式布局,形成"前店后坊"或"下店上宅"的模式。近代道外里院的底层多为商业店面,其上为居住空间,这种"下店上宅"形式在中国传统商市城市中有着悠久的历史。而早在北宋年间,传统"市坊制"已经适应不了经济的快速发展,以"街巷制"代替了传统封闭"坊"制和集中市场。

相对来说,这种集约型的商住模式更适合小商品经济。以近代道外为例,其商业人群组成多为中小工商业者,由于受经济条件的限制,很难像武百祥这样的大企业家开设大罗新、同记商场一样,他们只能租摊位进行小规模的商业行为。一般来说,底层店铺多为半开间或一开间,面宽为3米左右,而进深一般将近十米,形成垂直方向上的商居明确空间。"因为沿街的界面宝贵,店铺通常面宽很窄,进深很深;还因为地价太高,店铺通常是二层的。……店主和家人通常住在楼上或后面,学徒

---

①魏群.中国传统居住社区的空间形态及其流变[D].泉州:华侨大学,2007:40-42.

和雇工就住在店内"。上层居住单元直接由内院外楼梯进入,院落也常作为简单加工制作商品的活动场地;也有在店铺中设置夹层的情况,便于储藏部分商品。据记载,道外开设的店铺多为服装、百货、食品等。据《哈尔滨指南》记载,至1930年,靖宇街的商业户发展到103户,其中,百货业16户、贵金属9户、糕点5户、估衣10户、茶铺4户、饮食店3户、旅馆5户。那段时间是靖宇街最繁华的时期。昔日傅家甸街道的繁华景象如图7-5所示。而这些商业户中多数为小规模商品经营,采用的多是"下店上宅"模式。这种模式结构简单,投资较少且方便灵活,既缩短了住处与店铺的距离,又方便了店铺的管理运营。据说,有些店铺还将部分商品置于里院内院中,将其作为临时仓库,提高了商业运作的效率。

(a) 傅家甸大十字街　　　　　　(b) 傅家甸头道街

图7-5　昔日傅家甸街道的繁华景象①

道外小工商业者的商业行为必然会影响居住建筑的空间形态和生活内容,因此建筑十分讲究实用性。这种"下店上宅"式的商住混合模式最大化地体现了市井商人的功利性与实用性,深受道外人们的喜爱。

二、房地产经营模式

中国自古以来重农抑商、重本抑末,《周易》有言"不耕获,未富也",造成了人们"尚农"的普遍心态。而后《管子》更认定农为本,商为末,劝诫统治者"务本"以"安邦","重本"而"抑末"。于是,发达的农业与萎缩的商业成了中国传统经济的典型特征。而西方社会从未抑制商业的发展,自15世纪以后就进入了资本原始积累的时代。

正所谓经济基础决定上层建筑,西方资本的经济入侵促使传统农耕经济走向

---

① 李述笑.哈尔滨旧影:中英日文对照[M].北京:人民美术出版社,2000:33.

解体,而商业化成了近代社会转型的动力。1898年之前的哈尔滨道外,只有一些以手工业生产为主的烧锅、油坊之类的家庭作坊,而西方资本方式的介入带动了民族工商业的发展,"据统计,到1905年底,傅家店所谓的土著商业总数达数百家之多"。人们由务农转为经商,"舍本而逐末",由"重农"、轻商到重商、慕商,重商主义在市民中越来越被普遍接受。重商主义对近代道外最突出的贡献,就是房地产经营机制的产生。所谓房地产就是房产与地产的组合,将住宅的商品性充分暴露出来,将其作为谋利的有效手段。道外里院住宅便是其中一例。

近代道外里院住宅大部分为房地产商投资兴建,如阜成房产股份有限公司曾投资兴建四家子的平康里,后出租给妓院之用;房地产商胡润泽曾购买南二道街至南五道街之间的大片土地,准备建设楼房出租或兜售。这类里院一般结合房地产开发的需求和特点,考虑投资效益和成本高低等问题,采用低层高密度的高效率运作方式。房地产经营模式中的投资主体一般分为外资和内资两种。对于道外来讲,内资占绝大多数,一种为股份制房地产公司。"道外商家现因新放之地段甚多,其地主未必皆富有之家,且值此材料昂贵之际,于官家限定之期无力建造房屋者不乏人。故拟组织一营造公司,规定相当办法,有地者皆请其修造,该公司借得利息,两有裨益,实应时之举云"。其中,傅巨川、于喜亭等创办的阜成房产股份有限公司为哈尔滨第一家华人地产公司,该公司兴建了"平康里"等七十余处房屋,计2.8万余平方米。另一种为个人房地产商。他们多为商贾巨富独资开发,以胡润泽、武百祥、姚锡九为首。据《哈尔滨房地产志》记载,新中国成立前私人房产200平方米占有者达三千多户,而2 000平方米占有者也有114户。他们购买大量土地、街基,建造房屋,出租或售卖以获取利润。如《远东报》所述,"道外源顺泰近年异常发达,获利至巨。现闻该号共置有地基三四十处,盖修楼房、平房四百余间,约计全年可得租金二十余万元之谱。商界之殖业者可谓有独无偶也""本埠钱商源顺泰,前在各街购置地皮建筑房产刻下每月收取房租约有数十万元之数,足见房产之多"。

如此,房地产的运作机制促进了住宅的商品化程度,这种商品化程度不仅体现在出租售卖过程中,也体现在住宅的空间形态上。低标准租赁性质的大批"里"式住宅,一时间成为外来人口的主要住居形式,并逐步被社会认同。在建造设计过程中,将住宅的可接受程度、土地的利润收益考虑进去,从而改变住宅从单体到群落的布局形式,并且实现了"统一设计、统一建造、统一出售"的经营模式。这种情形主要基于以下几方面共同作用的结果。

其一,对于房地产商来说,提高建筑密度是最实际的方式。在里院群落布局上,为了获得最大的土地效益,采用合院式布局。排除传统文化的影响外,这种布局方式相对于行列式布局,大大提高了建筑密度。很多大院的建造没有经过通盘考虑,有见缝插针之嫌。为了进一步提高建筑密度,里院多采用小开间、大进深的瘦长矩形平面,整体向纵深发展。

其二,居住在里院的居民多为城市中下层,他们无力购置房产,低标准租赁性的住宅是其首选。在经营模式上,道外里院住宅多为租赁性质,一般由房地产商出资建造,转托于二房东管理,再由房客租赁居住,可谓层层利益关系。在这种利益驱动下,房地产商不会考虑居住舒适度,而更注重建筑密度。这类住宅能够在极小的地段内容纳更多的住户,一些房地产商不考虑住宅的通风采光等,尽可能压缩间距去谋求更多利润。道外里院的很多院落空间比例过于狭长,失去了原有的空间尺度,显然这不是出于使用者的空间需求,而是出于建筑密度的考虑。

其三,为迎合房地产经营模式的需要,里院住宅一般选用简单、周期短的构造方式。如何减少成本和造价、如何缩短建造时间,以及如何提高建筑密度是这类商品住宅首要考虑的问题。道外里院相对于其他"里"式住宅而言,最相异的莫过于外廊式走廊。这种走廊既方便交通联系,也是出于建造密度的考虑。因为在使用面积相同的情况下,外廊相比内廊而言,建筑面积会相应减少,从而增大住居空间的面积。而且,外廊的材料使用量、构造成本、施工时间也较少,凸显了里院的商品性。

第二节　社会结构转变

所谓社会结构,是指社会分化进程中产生的各社会群体或单体之间相对持久的组织联系状态。从社会构成的程度来讲,社会结构泛指社会交往的结构,是人们在交往中所形成的社会关系的集合和存在方式。广义的文化概念是指一定社会群体在交往中所获得的思想、观念以及行为方式。也就是说,文化是在一定的社会结构中才能显现与发挥,不同的社会结构能产生不同的文化意识。作为文化重要组成部分的"住文化"也与一定的社会结构有关。

人类属群居动物,但因其文化不同,导致社会结构也不尽相同。中国传统伦理观下的居住是以大家庭为单元的血缘性聚居结构,而西方价值观下的居住则是以小家庭为单元的地缘性聚居结构。以血缘为纽带的社会聚居体系是以宗法制度为核心,讲究天理纲常、家庭本位,而地缘关系下的社会聚居体系则强调民主,讲究个人本位。人类社会结构演变的大致趋势则是由血缘转向地缘,进而转向业缘的过程。19世纪末至20世纪初的近代社会,开埠通商带来的西方价值观瓦解了中国长期的宗法专制体系,促进了近代社会结构的改变,主要体现在社会聚居结构和家庭生活结构两个方面。

一、社会聚居结构转变

中国自古以来就有集族而居、集群而居的社会性生活方式。集族而居的形式在农耕社会里普遍存在,正所谓一方土地供养着一个家庭或家族,作为社会生活的基本单位,家庭间常常以一族或一村的方式聚居生活,便于分工和防卫,族中的强者多为官贾,可以荫及宗亲。这种在自然农耕经济基础上建立起来的血缘社会,是一种区域性的相对封闭的小型社会,正如"鸡犬之声相闻,民至老死,不相往来"。固守于土地,稳定地聚族而居,"一村唯两姓,世世为婚姻,亲疏居有族,少长游有群"。血缘的聚居是居住形态聚居性的最初形式,却随着宗法制度的衰落而逐渐式微。

随着社会的发展,居住生活中的各种功能行为逐步向社会化过渡。而至近代,随着西方势力的渗入,封建制度逐渐解体,千百年来的自然农耕经济发生动摇,而且当时山东、河北等省闹饥荒,连年的战争也进一步促使了传统社会制度的瓦解。一些破产农民和小资本者逃荒至城市,导致城市人口迅速增长,因而从家庭的集居转向了城市中不同族姓的集居,这也是传统聚居性生活方式因外力强势介入而做出的适宜性改变。

在近代道外居住的人多为北方各省的移民,他们多为破产农民、小工商业者或失业者,封建农耕思想和价值观念在他们观念中根深蒂固,固守地缘和亲缘关系在他们思想中也十分重要。再加上他们多是白手起家,以联合式的经营活动为主,而非传统的家族生意,因而他们多以集居的方式共同生活。封闭的里院式住宅是其外在表征,小家庭的小生产方式是其经济基础,街巷中的手工业作坊、商业店铺,甚至工匠、艺人,常以集族经营和技艺传承的关系居住,而沿袭而来的中原传统伦理观又制约其居住行为。

此外,在道外居住的人多为低收入阶层,而且流动性大,住所多为租赁形制,难以形成传统的家族式居住模式。他们常选同乡人邻近而居,因其生活习俗、居住习俗相近,以谋生为目的,以聚乡而居的方式占据领地,以各种同乡会为交流组织,形成特定的群体。据记载,当时近代道外有山东同乡会、直鲁同乡会等传统乡会组织,甚至道外裤裆街"两侧山东文化最为浓烈,五行八门,三教九流,不一而足,最具山东特色的小戏馆、说书馆、茶馆、酒馆光街溢巷"。道外裤裆街旧景如图7-6所示。正如高丙中先生在《现代化与民族生活方式的变迁》一书中谈及,"人们的社会生活总是以一定的方式存在,而这种存在首先是一种自在的过程,通常在这种过程发生变化的时候,或者在我群与他群的存在方式的对比被意识到的时候,群体内产生对生活方式的自觉,进而引起对生活方式的关注、议论和变革"。由此可见,群体的生活方式在异族他乡总是比独自家庭模式占据很大的优势。

图7-6 道外裤裆街旧景①

在近代,家庭功能、家庭结构、生活方式都出现了一定的变化,以家族为主的居住模式转向社会性的集居模式,从单一的合院式的居住形态转向多元,从而诞生了近代独特的"里"式居住形态。

二、家庭生活结构转变

家庭作为社会的基本组成单元,其存在形式与所处的社会结构密切相关。社会中的经济所有制、生产关系、伦理观念、价值观念、审美取向等,均在家庭结构中有所反映。不同的社会结构对应着不同的经济关系,也对应着不同的家庭生产生活模式,而一旦社会结构或经济关系发生变革时,家庭结构也随之变化。居住建筑作为承载家庭生活的物质空间,在不同地域、不同时代虽形态各异,但都存在着一种最适宜家庭生活的合院式居住方式。

近代之前,世代相传的土地是一个家庭几代人安身立命的资产,其生活资料、生产资料均取之于此。传统家庭几世同堂居于一宅,上至老人,下至儿童,兄弟共处。出于对土地的依赖和传统伦理观,他们很难脱离大家庭的束缚而去独自经营小家庭。传统合院布局通过庭院空间联系各栋建筑,能够适应宗法制度下的家族

---

①李述笑.哈尔滨旧影:中英日文对照[M].北京:人民美术出版社,2000:98.

聚居的家庭形态需要。四面或三面围合，满足了防卫与私密的需要；尺度适宜，特别是北方院落大而宽阔，光照均匀，满足土地作物晾晒、储藏和风干，以及居住人群嬉戏、纳凉、宴客等需要。与此同时，围合的合院布局能够组成一个封闭的小型社会，几何形的建筑空间秩序与伦理道德秩序对应同构，契合了长期以来的儒家思想所维系的社会秩序和"长幼尊卑"的伦理观念。

近代之前，自然农耕经济尚未解体，人们的住居生活局限于家庭范围内，虽然生活空间狭窄封闭，但足以满足人们的各种需要。这种自给自足的方式使得人们很少对外进行物质交换，导致社会交往层面不足。对于一个聚落而言，人们的交往范围仅局限于大家长制和乡里范围，因而能够形成稳定的居住形态。

农耕社会适应自给自足的经济模式，采用联合式家庭，形成家族性的小规模的聚居形式，对应着内向型的生产生活关系。自20世纪以来，西方经济方式的输入打破了封建土地制，千百年来的农耕经济发生了动摇，由自然经济和血缘家庭孕育的传统伦理观逐步被瓦解。传统家庭的宗法伦理制度、等级观念等的逐步解体，也加速了家族制度的消失。随着家族制度的消失，家庭功能与结构都相应改变，由原来的家族聚居改为小家庭社会聚居。可见，传统家庭的近代转型也是近代社会的主要标志之一，与近代社会的政治、思想、文化等冲击密切相关。

家庭规模的小型化、结构的简单化以及数量的增多都迫使传统居住形态发生转变。传统的适合几世同堂的合院将不再适应这种变化，新的住宅需要向高密度、土地利用率更高的趋势发展，以便满足家庭小型化和多量化的需求。从这层意义上讲，里院的单元式住居空间能够满足当时家族解体后小家庭住居的需要。

第三节 风俗观念影响

所谓风俗观念，是指一定地区、一定人群在社会活动中沿革下来的语言、心理和行为上的集体认知或规范，是一种长期沿用且积久成性的社会风气和习惯。我国民众历来都比较重视风俗观念，有"为政必先究风俗"一说。对于"风俗"的含义，一般将自然条件引起的行为差异称为"风"，而将社会文化引起的习惯差异称为"俗"。不同的地理、经济或社会结构上的差异，会形成不同的风俗观念，正所谓"百里不同风，千里不同俗"。风俗观念是狭义文化范式的分支，是一种因地而异的传统，风俗观念的变迁也是文化范式改变的表征呈现。风俗观念涉及范围很广，如物质、精神、语言、行为、心理等，而且各个层面相互影响、关联。

由于本章研究的对象是居住形态的演变逻辑，所以，本节主要从与居住生活方式有关的风俗观念着手,探究风俗观念对居住形态演变影响。根据传承演变途径的差异,主要将风俗观念分为传统风俗与外来风俗两个方面。

一、传统风俗观念传承

该部分的"传统风俗观念"是相对于外来风俗观念而言的,本书中的"传统"不仅仅指代中国地区,而是特指中原文化核心区(以齐鲁、秦晋等地为主)。以齐鲁、秦晋等地来说,因其地理位置优越,文化传播发展得相对接近,故形成类似的风俗观念。其中,在住居建筑方面,传统风俗观念强调以传统合院式格局来组织空间,轴线意识强烈,房间、布置等按照方位,体现儒家伦理、尊卑、秩序的宗法制;院落同自然相互观照,则体现了道家"天人合一"的"道法自然"的意识。由于哈尔滨地处我国东北边疆,位置偏僻,远离传统文化发达之地,再加上19世纪末之前,仅为几个小村落构成的蛮荒之地,因此其传统风俗观念相当薄弱。正是这种边缘性的特征,使得哈尔滨的建筑容易吸收与接受各种风俗文化,发展成如今多元的局面。

(一)合院式住居习俗

自古以来,中国传统民居自南至北,从东到西的院落差别很大,但院落空间及其所衍生的居住方式是基本一致的。正如李允鉌所述,"中国城市的组织形式虽然经历着不少的变化,但是无论在哪一种形式中,一种传统的城市组织精神仍然不断地保留着,它表现出来的一切就成了'中国式城市'的一种真正的性格"。这种中国式城市的性格指的就是合院式居住习俗。

居住形式与生活内容是相对应的,住所中所容纳的内容也是多元的——生产、生活、储藏、交往、教育、祭祀、游赏等一应俱全。也就是说,一个合院实际上应该是一个浓缩的、封闭的、自成一体的小社会。这种合院式居住习俗广泛得到了认同,一经流传已是千年。虽然近代社会在西方势力入侵后生产关系发生了变革,家庭制度逐步解体,但家庭之间的合院式住居方式还是沿袭了下来。

近代道外里院多以院落围合紧凑布局,除了城市化进程中人口压力带来的高密度制约外,中原合院式住居习俗也是其重要影响因素。自20世纪初始,山东、河南、河北等省的难民通过中东铁路招工和"闯关东"的方式进入哈尔滨,他们多数选择在当时被称为傅家甸的道外地区落脚。据统计,"进入东北的流民以山东的最多,其次是直隶,以天津、保安、滦州、乐亭等府县较多,再次是河南和山西两省"。合院式住居习俗早已是人们的一种心理定式,无论环境如何变化,这种心理定式很难消除。来自中原文化集中地的移民最初选择多户围合而住,当时以土坯房、草棚房为主,这就是早期的大院式集居方式(图7-7),后来这种住居慢慢演变成道外里院的多户单元围合的大院合居(图7-8)。道外里院的合院式住居是中原地区传统建筑文化的延伸和扩展,从某种社会意义上讲,关东地区基本上是中原社会的扩大,两地虽有地理位置的差异,文化却极为接近,无论是宗教信仰、风俗习惯、家族制度及伦理观念等方面都大同小异。

图7-7 早期道外的草棚房①

图7-8 道外南二道街18号大院

虽然里院的院落延续着传统汉文化的合院式居住习惯,但位置变得更加灵活,不再遵循中轴对称的空间秩序关系,形成了三合院、四合院、宽院、窄院、方院、通院、套院等多种空间组合,给人不同的空间感受。

(二)装饰化民俗意趣

道外里院居住形态的形成,究其缘由,与文化演变的诸多因素有关。除了受中原合院式居住习俗的影响外,民众群体的民俗意趣也不容忽视。作为边缘文化附

---

①纪凤辉.哈尔滨寻根[M].哈尔滨:哈尔滨出版社,1996:128.

属地的区域性风俗观念,其负载者和传播者——民众群体的构成和文化喜好,很大程度上决定着该地区的文化逻辑,也影响着该地区的居住形态的形成。所谓民众群体,是指不以社会阶层为依据划分的一类人群,而以相似的风俗观念为基准。一般来说,民俗是在民众群体中创造、传承的社会风俗习惯,是民众现实生活中不可或缺的一部分。

近代道外的民众群体是由中小工商业者、小商贩、工人、苦力、街头艺人等构成,他们多来自关内移民,从社会阶层上看,他们都处于社会的中下层,其文化传统与习俗十分相近,趋于城市大众民俗文化。他们多从事低级的体力劳动,其判断力、审美观以及价值观基本一致,凡事从实际需要出发,注重实用性、生活化和感官化。所以,他们的住居装饰极具形象和寓意,以葡萄、盘长、缠枝纹来寓意生生不息,而以喜鹊、蝙蝠、回纹来传达福禄寿喜等吉祥愿望,且这些装饰写实意味浓厚。对此,民间工匠有一说法——"画草虫鱼蟹要写生,画得游动如生才美。蔬菜鲜果要画熟透后新摘下来的颜色才好看"。正是这些自发的、随性的、世俗的甚至有些功利性的文化品位,从本质上符合了道外百姓的需求,得到了民众的认同,并符合道外里院等建筑的审美走向,形成了这一区域独特的风貌。

近代道外里院的民俗事象纷繁复杂,上至价值观念民俗,下至吉祥牌匾,在各类民俗观念和民俗行为的影响下呈现出浓厚的民俗意趣。传统民间工匠通过对道里、南岗的古典建筑的间接移植和模仿,将其运用到道外里院等建筑物的建造上。这些建筑遵循着西式的基本构图,但女儿墙、窗套、柱身以及檐下的牛腿上都以抹灰做出复杂而生动的浮雕式传统纹样,这些纹样以自然界的动植物或吉祥字眼为主题,虽然不一定具有很高的艺术水平,但足以体现匠师的高超技艺。

自清代晚期起,建筑中逐渐形成了崇尚烦琐装饰的倾向。尤其在民间,由于等级限制,一些有经济实力的商人无法左右建房规模与形制,使得他们将财力大肆倾注于装饰上,以此炫耀及显示其身份。这种崇尚装饰的风尚随着近代移民而至道外,通过大量的传统纹样移植于立面上,形成了中西合璧式的"中华巴洛克"风格。而且,多数商人为炫耀财富都将大量的财力、物力等置于装饰之上,更加重了崇尚装饰的风气。对于附加装饰来说,独立于整体形态和结构层面之外,自由度较高,因而采用率性恣意的方式未尝不可。匠师凭借自己对中西建筑文化的理解进行艺术创作和加工,比如在西式女儿墙上设计中式的图案,在西式柱头上饰铜钱、花草等纹样,可谓恣意组合,随性发挥。传统民俗的很多内容都传递着人们的美好生活愿望,而人们通常用一些吉祥物、吉祥纹样等民俗事物来传达。在建造过程中,工匠通过一些寓意吉祥的装饰图案纹样等在里院立面上进行传达,诸如象征福禄的蝙蝠、丹凤朝阳的凤凰、松鹤延年的鹤、连年有余的鲤鱼等动物题材;象征君子的梅兰竹菊,象征富贵的牡丹,寓意富贵丰收的葡萄等植物题材,以及寿字、卍字、发字、盘长、祥云等文字图案等,如图7-9所示。从传统意义上讲,装饰题材都有着一定的象征意义,传达出吉祥寓意或驱邪意义等(表7-1)。民间工匠通过非理性的、率性而为的态度,使道外里院立面具有了寓意丰富且崇尚装饰的特点,也成就了民俗文化形式下的装饰意趣。

(a)北二道街15号

(b)南七道街271号

(c)北九道街9号

(d)北四道街6号

图7-9 道外里院立面上的装饰题材

(e)北三道街24号　　　　　　(f)北大六道街5号

(g)北大六道街54号

图7-9(续)

表7-1　装饰题材及其寓意

类别	题材	寓意
植物主题	松	四季常青,象征长寿
	梅	花中四君子之一,象征凌霜质洁
	兰	花中四君子之一,象征幽静高雅
	荷	君子之花,象征廉洁高正
	牡丹	象征富贵
	石榴	象征多子多福
	藤蔓草	象征长久不衰
	葡萄	象征富贵丰收
	葫芦	象征子孙福荫

表 7-1(续)

类别	题材	寓意
动物主题	龙	四灵之首,象征吉祥威严
	狮子	在民间有辟邪躲祸之意;狮子滚绣球寓意喜庆
	凤凰	百鸟之王,象征祥瑞
	鹤	灵禽,象征高贵、长寿、灵气
	猴	机敏灵巧,取义"辈辈封侯"
	羊	三"羊"开泰,象征吉祥
	蝙蝠	"蝠"音同"福",象征美好祝福
	鲤鱼	"鲤"音同"利",象征盈利
	蝴蝶	象征爱情和婚姻美满
图形文字	多宝格	博古,配以古瓶、盆景,象征高雅
	绣球	象征欢乐吉祥
	穗状物	"穗"音同"岁",象征百岁
	铜钱	象征财源广进
	盘长	佛家"八宝"之一,象征子嗣延绵、福禄无疆
	方胜	菱形压角,象征优美、同心
	八卦	意为神通广大,镇邪辟恶
	"寿"字	寓意长寿
	"发"字	寓意发财

二、外来风俗观念借鉴

对外来风俗观念的借鉴吸收是近代社会普遍存在的一种文化心理与观念取向。在近代社会开埠初期,国人对西方的态度十分冷淡,无论是上层阶级还是普通百姓皆是如此。由于哈尔滨开埠较晚,自中东铁路通车后,西方诸多商品在哈尔滨地区大量倾销,再加上铁路附属地内居民的居住生活方式的洋化,使得道外的人们逐渐从对洋货的抵制中走出,开始叹洋货之善,接受西方化的住居方式,甚至模仿铁路附属地内的建筑样式,这种"崇洋"心态是近代道外民众文化心理的重要方面。与此同时,西方化的居住生活方式确实给道外民众带来了便利,也迎合了他们的实用价值取向。选择西方的商品、生产方式及生活方式的风俗观念,不仅体现在道外里院住宅,在中国开埠城市的诸多近代建筑中也比比皆是。

外来的风俗观念从文化心理上深层次作用于人们的思维方式,通过生活方式、居住习惯等非实体层面的改变,最后反映于表层实体空间层面上。西方风俗观念对道外里院的同化作用,主要体现在流动性居住习惯和西俗化生活风气两个方面。

(一) 流动性居住习惯

自18世纪中叶的工业革命开始,大量人口向城市集中,有限的城市用地对于人口的过度膨胀显得愈发紧张,低层高密度住宅由此产生。低层高密度住宅在西方社会最早以联排住宅的形式出现,之后是集合型公寓住宅。这些住宅的单元多为固定户型,居住面积相对较小,适合低收入阶层人群居住,因居住人口流动性大,还可作为出租之用。总的来说,它是一种试图解决居住人口与城市用地矛盾的居住方式。联排式住宅形式的出现最初是为了解决工人阶级的住宅危机,"保证每一个人的住宅都有自己的厨房、庭院和休息用的花园",这种乌托邦式的花园构想传入中国后,俨然引发了狂热的房地产投资热潮。

19世纪末的近代中国开始城市化进程,随着农耕经济的解体,大量农民和地主阶级流向城市避乱或谋生,外来人口的涌入使得城市的压力剧增。低层高密度的住宅,如上海里弄、武汉里分以及青岛、哈尔滨等地的里院,一时间成为外来人口的主要居住方式。这类"外来嫁接性"的居住方式能够发展的最大动因是市场的需求。以里院住宅为例,其对传统形式的选择是考虑到中国居民的习惯,居住单元的均质化是出于分户租售的需要,对西式立面的选择是满足中国人的"崇洋"心理等。这些选择不仅仅是建筑形式的需要,更是住宅商品化对市场的适应。这种流动性的居住方式,使得人们的社会关系发生变化,传统等级、尊卑的社会观念和关系规则趋于淡化。淡化的等级观念也促使了里院这种居住形态的产生。

严格来说,中西方的居住生活方式的强调功能截然不同。西方的居住生活方式讲究居住功能专属化,强调寝、食、居等行为的严格空间区分,强调厅空间的功能性、日常性;而中式的居住生活方式强调空间秩序,事先并不以一定的功能去安排空间,而是以礼数去规定空间及其行为。所谓的厅、堂、屋,事实上并非出于日常生活,而是反映礼数尊卑的模式。19世纪末至20世纪初,自然农耕经济的解体导致大量农民破产,经济压力随之迅速增大,对于他们来说,生活已经成为问题,因此无暇兼顾居住空间是否遵循传统礼制的要求。

(二) 西俗化生活风气

随着不断地开埠通商,作为西方文化的附属物之一的西式社会生活方式也逐渐传入中国,国人由最开始的抵制到慢慢接受,并由此出现了"西俗东渐"的现象。

从某种程度上来说，生活方式并不存在先进与否，而是与一定的时代背景和生产力方式相关。正因为"西方近现代民俗作为现代化的伴生物，比之中国传统习俗更能适应现代社会"，所以，国人的生活方式不可避免地开始了西俗化进程。

生活方式的西俗化首先体现在器物层面。随着洋器洋货的大量输入，人们生活中充斥着各式各样的洋式物件，如制造精巧的钟表、眼镜、玻璃器皿，方便实用的洋火、洋皂、抽水马桶等。或为取奇，或为炫耀，或为自用，人们争相购买，"人置家备，弃旧翻新"。曾有记载曰："道光季年，中外通商而后，凡西人之以货物运至中国者，陆离光怪，几于莫可名言。华人争先购归，以供日用。初祗行于通商各口，久之而各省内地亦皆争相爱慕，无不以改用洋货为奢豪。"可见，这些"畅行各口，销入内地"的洋器洋货一时间流行起来（图7-10）。

(a)收音机　　　　　(b)洋火　　　　　(c)钟表

图7-10　西式的洋式物件

在社会生活层面上，近代道外在继承传统商业经营民俗的基础上，还得到了外来风俗习惯的补充，使其生活内容及形式被俗化。重商意识导致的享乐主义风气和"崇洋"思想的共同作用导致了民众生活的"恶俗"化，即在建筑与娱乐生活方面展现出的哗众取宠与浅薄粗俗的特性。"道外有本埠销金窟之称，每晚歌舞楼梯万家灯火诚不知人世尚有饥馑事"，"每至晚间灯红彩绿，歌韵悠扬，如入花花世界"。荟芳里和北市场是当时道外主要的娱乐场所。茶社"腔戏、高歌、皮黄、丝弦拔饶，声达野外"，戏园"座客拥挤无立足之地"，荟芳里的大小妓院更是人满为患（图7-11、表7-2）。"饮食当街，烟赌盈室"是对道外这种"恶俗"生活内容的贴切描述，而这些皆源自道里、南岗两区的西方人的奢靡生活；道外民众耳濡目染，逐渐接受了这种大众俗化的生活内容。这些对于道外的整体民风和建筑装饰的风格都产生了极大的影响。

(a)旧鸦片馆

(b)北市场大观园

(c)荟芳里

图 7-11　道外娱乐场所①

表 7-2　20 世纪初道外城区主要的娱乐场所

名称	建立时间	内容、规模	地址
辅和茶园	1908 年	以卖茶为主,演戏为辅,内设有茶座、包厢,可容纳 600 余人	北三道街 109 号
同乐茶园	1908 年	以梆子、皮黄、落子名优,二楼设包厢	靖宇大街
庆丰茶园	1909 年	蹦蹦、梆子、落子为主,二楼设包厢	南二道街
畅叙楼	1916 年	台球、茶间、旅馆、饭馆,当时最大娱乐场	北三道街
荟芳里	1917 年	各大妓院聚集地	南十六道街一带
新世界	1917 年	游艺、赌场,1918 年之后专放电影	升平街

---

①纪凤辉.哈尔滨寻根[M].哈尔滨:哈尔滨出版社,1996:277.

表 7-2（续）

名称	建立时间	内容、规模	地址
中华茶园	1918 年	皮影、落子，后加映电影、二人转、戏法	十四道街
大舞台	1920 年	仿上海大舞台，配置人工转台的三层楼房，大型剧场	南十六道街
天仙第一大舞台	1920 年	装点华丽，设计画工均一流，容纳三千人左右	保障街一带
华乐茶园	1921 年	专门为落子而建的大型茶园，共四层，设雅座、包厢	十六道街
中华舞台	1924 年	带包厢的中型舞台，容纳一千人左右	南六道街

西方生活方式的介入，使近代道外的人们自主改变或调整其行为方式，这种生活方式能够使人们从中获得便利，因此人们争相效仿，使其成为风尚。同时，这种观念层面的改变也能作用于物质空间实态。以近代道外里院为例，在居住空间上，改变中式纯礼仪厅堂，将烹饪、储藏等功能置于其中，实现厅堂空间的功能性和实用性；在建筑设备上，采用西式的自来水、西式马桶等，"均属应用便利，清洁而无污浊之存留，足以住房之人，易于洋车卫生清洁的习惯"。

参考文献

[1] 于一凡. 城市居住形态学[M]. 南京:东南大学出版社,2010.

[2] 叶涛,吴存浩. 民俗学导论[M]. 济南:山东教育出版社,2002.

[3] 钟敬文. 民俗学概论[M]. 2版. 北京:高等教育出版社,2010.

[4] 陶立璠. 民俗学[M]. 北京:学苑出版社,2003.

[5] 戴颂华. 中西居住形态比较:源流·交融·演进[M]. 上海:同济大学出版社,2008.

[6] 贾公彦. 周礼注疏:四十二卷[M]. 郑玄,注. 彭林,整理. 上海:上海古籍出版社,2010.

[7] 段进,季松,王海宁. 城镇空间解析:太湖流域古镇空间结构与形态[M]. 北京:中国建筑工业出版社,2002.

[8] 雅各布斯. 美国大城市的生与死[M]. 金衡山,译. 南京:译林出版社,1961.

[9] 林奇. 城市意象[M]. 方益萍,何晓军,译. 北京:华夏出版社,2001.

[10] 周立军. 近代哈尔滨的民俗建筑[J]. 华中建筑,1988(3):74-78.

[11] 李允鉌. 华夏意匠:中国古典建筑设计原理分析[M]. 天津:天津大学出版社,2005.

[12] 石方. 黑龙江区域社会史研究(1644—1911)[M]. 哈尔滨:黑龙江人民出版社,2002.

[13] 中国人民政治协商会议黑龙江省委员文史资料研究委员会. 黑龙江文史资料第二十六辑:武百祥与同记[M]. 哈尔滨:黑龙江人民出版社,1989.

[14] 覃莉. 对现代大众审美研究的再思考[J]. 美与时代(下半月),2005(1):22-23.

[15] 王树村. 中国民间画诀[M]. 北京:北京工艺美术出版社,2003.

[16] 潘智彪. 寻找"有意义的另一个人":论审美活动中的从众心理机制[J]. 中山大学学报(社会科学版),2005(6):34-38,136.

[17] 乔继堂. 中国吉祥物[M]. 天津:天津人民出版社,2010.

[18] 刘捷. 类型:行为、意象与文化内涵[J]. 华中建筑,2007(1):64-65.

[19] 郑光复. 建筑的革命[M]. 南京:东南大学出版社,2004.

[20] 孙维思. 哈尔滨历史街区"场域"保护与更新研究:以道外历史风貌保护区为例[D]. 大连:大连理工大学,2012.

[21] 樊璇. 哈尔滨大院式商住混合体的保护与发展[D]. 哈尔滨:哈尔滨工业大学,2004.

[22] 周立军,陈伯超,张成龙,等. 东北民居[M]. 北京:中国建筑工业出版社,2009.

[23] 辽左散人. 滨江尘嚣录[M]. 哈尔滨:新华印书馆,1829.

[24] 谭刚毅. 两宋时期的中国民居与居住形态[M]. 南京:东南大学出版社,2008.

[25] 纪凤辉. 哈尔滨寻根[M]. 哈尔滨:哈尔滨出版社,1996.

[26] 高丙中. 中国民俗概论[M]. 北京:北京大学出版社,2009.

[27] 侯幼彬. 中国建筑美学[M]. 哈尔滨:黑龙江科学技术出版社,1997.

[28] 梁思成. 梁思成文集(二)[M]. 北京:中国建筑工业出版社,1984.

[29] 刘致平. 中国居住建筑简史[M]. 王其明,增补. 北京:中国建筑工业出版社,1990.

[30] 罗智星,杨柳. 基于气候适应策略的生态建筑设计方法研究:以大陆性严寒地区生态住宅设计为例[J]. 南方建筑,2010(5):19-20.

[31] 张怀承. 天人之变:中国传统伦理道德的近代转型[M]. 长沙:湖南教育出版社,1998.

[32] 孟元老. 京东梦华录(卷二)[M]. 郑州:中州古籍出版社,2010.

[33] 陈莉,徐苏宁,谢略. 近代东北城市居住模式对城市形态的影响[J]. 华中建筑,2011,29(2):134-137.

[34] 姜洪庆. 空间的原型批评:中西方传统建成空间比较研究[J]. 新建筑,2010(2):111-115.

[35] 中国宜造洋货议[N]. 申报,1892-01-18.

[36] 越泽明. 哈尔滨的城市规划(1898—1945)[M]. 哈尔滨:哈尔滨出版社,2014.

[37] 李述笑. 哈尔滨旧影:中英日文对照.[M]. 北京:人民美术出版社,2000.

[38] 曾一智. 城与人:哈尔滨故事[M]. 哈尔滨:黑龙江人民出版社,2003.

[39] 董鉴泓. 中国城市建设史[M]. 3版. 北京:中国建筑工业出版社,2004.

[40] 荆其敏,张丽安. 中外传统民居[M]. 天津:百花文艺出版社,2004.

[41] 刘东璞. 哈尔滨胡家大院的实态与再利用研究[D]. 哈尔滨:哈尔滨工业大学,2003.

[42] 丁鼎. "礼"与中国传统文化范式[J]. 齐鲁学刊,2007(4):13-15.

[43] 王军云. 中国民居与民俗[M]. 北京:中国华侨出版社,2007.

[44] 孙进己. 关于东北民族史研究的一些问题[J]. 民族研究,1999(5):70-80,111.

[45] 吴良镛. 世纪之交的凝思:建筑学的未来[M]. 北京:清华大学出版社,1999.

[46] 刘先觉. 建筑历史与理论研究文集(1927—1997)[M]. 北京:中国建筑工业出版社,1997.

[47] 朱文一. 空间·符号·城市:一种城市设计理论[M]. 北京:中国建筑工业出版社,1993.

[48] 王蔚. 不同自然观下的建筑场所艺术:中西传统建筑文化比较[M]. 天津:天津大学出版社,2004.

[49] 张复合. 关于中国近代建筑之认识:写在中国近代建筑史研究国际合作20年之际[J]. 新建筑,2009(3):133-135.

[50] 汪坦,藤森照信,侯幼彬,等. 中国近代建筑总览·哈尔滨篇[M]. 北京:中国建筑工业出版社.1992.

[51] 侯幼彬. 文化碰撞与"中西建筑交融"[J]. 华中建筑,1988(3):6-9.